Modellprädiktive Regelung aktiver Kühlsysteme von Werkzeugmaschinen zur Kompensation thermo-elastischer Verlagerungen

Model Predictive Control of Active Cooling Systems of Machine Tools for Compensation of Thermoelastic Displacements

Von der Fakultät für Maschinenwesen
der Rheinisch-Westfälischen Technischen Hochschule Aachen
zur Erlangung des akademischen Grades eines
Doktors der Ingenieurwissenschaften
genehmigte Dissertation

vorgelegt von

Alexander Steinert

Berichter/in:

Univ.-Prof. Dr.-Ing. Christian Brecher
Univ.-Prof. Dr.-Ing. Steffen Ihlenfeldt

Tag der mündlichen Prüfung: 25. September 2024

Diese Dissertation ist auf den Internetseiten der Universitätsbibliothek online verfügbar.

ERGEBNISSE AUS DER PRODUKTIONSTECHNIK

Alexander Steinert

Modellprädiktive Regelung aktiver Kühlsysteme von Werkzeugmaschinen zur Kompensation thermo-elastischer Verlagerungen

Herausgeber:
Prof. Dr.-Ing. T. Bergs
Prof. Dr.-Ing. Dipl.-Wirt. Ing. G. Schuh
Prof. Dr.-Ing. C. Brecher
Prof. Dr.-Ing. R. H. Schmitt

Band 28/2024

WZL | RWTH AACHEN UNIVERSITY

Fraunhofer
IPT

Bibliografische Information der Deutschen Nationalbibliothek
Die Deutsche Nationalbibliothek verzeichnet diese Publikation in der Deutschen Nationalbibliografie; detaillierte bibliografische Daten sind im Internet über https://portal.dnb.de abrufbar.

Alexander Steinert:

Modellprädiktive Regelung aktiver Kühlsysteme von Werkzeugmaschinen zur Kompensation thermo-elastischer Verlagerungen

1. Auflage, 2024

Gedruckt auf holz- und säurefreiem Papier, 100% chlorfrei gebleicht.

Wissenschaftsverlag des Instituts für Industriekommunikation und Fachmedien
an der RWTH Aachen
Steinbachstr. 25, 52074 Aachen
Internet: www.apprimus-verlag.de, E-Mail: info@apprimus-verlag.de

Druck: CPI Druckdienstleistungen GmbH
Ferdinand-Jühlke-Straße 7 | 99095 Erfurt

ISBN 978-3-98555-245-0

D 82 (Diss. RWTH Aachen University, 2024)

Kurzzusammenfassung

Das thermo-elastische Verhalten von Werkzeugmaschinen limitiert in vielen Anwendungen die erzielbare Fertigungsgenauigkeit in der spanabhebenden Bearbeitung. In einem breit gefächerten Spektrum von Lösungsansätzen stellt die Kompensation thermo-elastisch induzierter Verlagerungen mittels bedarfsgerechter Nutzung aktiver Kühlsysteme einen erfolgversprechenden Ansatz dar. Das Erreichen dieses Ziels im Rahmen der vorliegenden Arbeit geschieht durch die Entwicklung einer modellprädiktiven Regelung des thermischen Maschinenverhaltens durch das adaptive Stellen individueller, an die tatsächliche Maschinennutzung angepasster Vorlauftemperaturen. Den Kern der modellprädiktiven Regelung bildet das Systemmodell, für dessen Aufbau ein Simulationsmodell basierend auf der Finite-Elemente-Methode in ein recheneffizientes Ersatzmodell überführt wird. Insgesamt erlaubt der methodische Ansatz eine signifikante Reduktion thermo-elastischer Verlagerungen in der Betriebsphase.

Brief summary

In many applications, the thermoelastic behavior of machine tools limits the achievable manufacturing accuracy in machining. In a wide range of solutions, the compensation of thermoelastically induced displacements by means of demand-oriented use of active cooling systems represents a promising approach. Within the scope of this work, this goal is achieved by developing a model-predictive control of the thermal machine behavior by adaptively setting individual inlet temperatures adjusted to the actual machine utilization. The core of the model-predictive control is the system model, for which a simulation model based on the finite element method is transformed into a computationally efficient surrogate model. Overall, the methodical approach allows a significant reduction of thermoelastic displacements in the operating phase.

Inhaltsverzeichnis

Abbildungsverzeichnis

Tabellenverzeichnis

Formelzeichen und Abkürzungsverzeichnis

Großbuchstaben

Zeichen	Einheit	Bezeichnung
A	m^2	Fläche
$[B]$	1/m	Gradientenmatrix
B	T	magnetische Flussdichte
B_{max}	T	maximale magnetische Flussdichte
$[C]$	J/K	Wärmekapazitätsmatrix
$[D]$	W/mK	Werkstoffmatrix
E	N/m^2	Elastizitätsmodul
E_{kin}	J	kinetische Energie
E_{pot}	J	potenzielle Energie
E_v	J	Verlustenergie
F	N	Kraft
F_{mech}	N	mechanische Last
F_{reib}	N	Reibkraft
F	N	Kraft
$[H]$	m^2	Flächenmatrix
I	A	Stromstärke
I_{str}	A	Strangstrom
J_f	diverse	Jacobi-Matrix
$[K_\alpha]$	W/K	konvektive Wärmeleitmatrix
$[K_\lambda]$	W/K	Wärmeleitmatrix
$[K]$	W/K	Gesamtwärmeleitmatrix
L	m	Länge
$[N]$	-	Interpolationsmatrix
Nu	-	Nußelt-Zahl
P_{cu}	W	Kupferverluste
P_{el}	W	elektrische Eingangsleistung
P_{fe}	W	Eisenverluste
P_m	W	mechanische Ausgangsleistung
P_v	W	Verlustleistung
P_z	W	Zusatzverluste
Pr	-	Prandtl-Zahl
$\dot{Q}$	W	Wärmestrom
$\{\dot{Q}\}$	W	Vektor der Knotenwärmeströme

Zeichen	Einheit	Bezeichnung
R	Ω	elektrischer Widerstand
R_{str}	Ω	elektrischer Strangwiderstand
Re	-	Reynolds-Zahl
T	°C, K	Temperatur
$\{T\}$	°C, K	Vektor der Knotentemperaturen
T_{∞}	°C, K	Umgebungstemperatur
$\dot{U}$	W	zeitliche Änderung der inneren Energie
U_n	-	Überdeckungsgrad
V	m^3	Volumen
$[V]$	-	Orthogonalbasis
W	J	Arbeit
$\dot{W}$	W	zeitliche Änderung der Arbeit

Kleinbuchstaben

Zeichen	Einheit	Bezeichnung
a	10^{-6}/K	Temperaturkoeffizient
b_i	-	Schwellwerte (engl. Bias) eines KNN
c	J/kgK	spezifische Wärmekapazität
d	m	Durchmesser
e	°C	Regelabweichung
f	1/s	Frequenz
f_{Fahr}	1/s	Frequenz einer zyklischen Achsbewegung
f_{Sim}	1/s	Simulationsfrequenz
g	m/s^2	Erdbeschleunigung
$k_{1,2,3,4}$	diverse	Koeffizienten im Rahmen der Modellparametrierung
k_{hys}	-	Korrekturfaktor der Hystereseverluste
k_n	-	Gewichtung eines Segments
k_{ws}	-	Korrekturfaktor der Wirbelstromverluste
l	m	charakteristische Länge
m_{fe}	kg	Masse des Eisenkerns
m_{gew}	kg	beschleunigte externe Masse
m_{ma}	kg	beschleunigte Maschinenmasse
m_{str}	-	Anzahl der Stränge
n_{NRB}	-	Anzahl der Neumann-Randbedingungen
n_{RRB}	-	Anzahl der Robin-Randbedingungen
$\dot{q}$	W/m^2	Wärmestromdichte
$\{\dot{q}\}$	W/m^2	Vektor der Knotenwärmestromdichten

Zeichen	Einheit	Bezeichnung
t	s	Zeit
u	diverse	Eingangsgröße und Stellgröße eines Systems
v	m/s	Geschwindigkeit
$\dot{v}$	m/s^2	zeitliche Änderung der Geschwindigkeit
w_i	-	Gewichte eines KNN
$\dot{w}$	W/m^3	volumetrische Wärmequelle
x	diverse	Eingangsgröße eines Systems
y	diverse	Ausgangsgröße eines Systems

Griechische Buchstaben

Zeichen	Einheit	Bezeichnung
α	W/m^{2}K	Wärmeübergangskoeffizient
α_{LM}	-	Levenberg-Marquardt-Koeffizient
α_{th}	1/K	Wärmeausdehnungskoeffizient
α_{ϵ}	W/m^{2}K	Strahlungs-Wärmeübergangskoeffizient
β_{LM}	-	Levenberg-Marquardt-Koeffizient
δ	m	Höhe
ϵ	-	mechanisch induzierte Dehnung
ϵ_{ges}	-	Gesamtdehnung
ϵ_{th}	-	thermisch induzierte Dehnung
ϵ_{α}	-	Emissionsgrad
ϑ	K	Übertemperatur
κ	Ω/m	elektrische Leitfähigkeit
λ	W/mK	Wärmestromdichte
ν	m^2/s	kinematische Viskosität
ρ	kg/m^3	Dichte
σ	N/m^2	mechanische Spannung
σ_{hys}	W/kg	Materialkonstante für die Hystereseverluste
σ_{ws}	W/kg	Materialkonstante für die Wirbelstromverluste
σ_{SB}	W/m^{2}K^4	Stefan-Boltzmann-Konstante
ϕ	Wb	magnetischer Fluss

Abkürzungen

Abkürzung	Beschreibung
ANN	Artificial Neural Network
APDL	Ansys Parametric Design Language

Abkürzung	Beschreibung
CAD	Computer-aided Design
CFD	Computational Fluid Dynamics
CFK	carbonfaserverstärkter Kunststoff
DFG	Deutsche Forschungsgemeinschaft
DGL	Differentialgleichung
ETVE	Environmental Temperature Variation Error
FDM	Finite-Differenzen-Methode
FEM	Finite-Elemente-Methode
IPC	Industrie-PC
KGT	Kugelgewindetrieb
KI	künstliche Intelligenz
KMU	kleine und mittlere Unternehmen
KNN	künstliches neuronales Netz
MAE	Mean Absolute Error
MOR	Modellordnungsreduktion
MPC	Model Predictive Control
NARX	Nonlinear Autoregressive Neural Network
NCU	Numerical Control Unit
NRB	Neumann-Randbedingung
PdvA	Prinzip der virtuellen Arbeit
PID	Proportional–Integral–Derivative
PSF	Profilschienenführung
RB	Randbedingung
RMSE	Root-mean-square Error
RRB	Robin-Randbedingung
SFB/TR 96	Sonderforschungsbereich/Transregio 96
SVM	Support Vector Machine
TCP	Tool Center Point
WZL	Werkzeugmaschinenlabor WZL der RWTH Aachen

1 Einleitung

Introduction

Neben dem statischen und dynamischen Verhalten bildet das thermo-elastische Verformungsverhalten die dritte Komponente der lastabhängigen Einflussfaktoren auf die Bearbeitungsgenauigkeit spanabhebender Werkzeugmaschinen [BREC17b]. Trotz der jahrzehntelangen Erforschung der zugrundeliegenden Kausalität und der Entwicklung eines breiten Spektrums an Gegenmaßnahmen stellen thermo-elastische Effekte Anwender noch heute vor große Herausforderungen. Insbesondere kleine und mittlere Unternehmen (KMU) verfügen häufig weder über das notwendige Know-how noch über das richtige Equipment, um wirkungsvolle Gegenmaßnahmen eigenständig umsetzen zu können. Neben der theoretischen Wirksamkeit einer möglichen Gegenmaßnahme ist in produzierenden Unternehmen immer die praktische Realisierbarkeit von zentraler Bedeutung und entscheidend für die Frage, ob eine Verbesserung des thermoelastischen Maschinenverhaltens tatsächlich erzielt werden kann.

In modernen Werkzeugmaschinen werden aus diesem Grund bereits durch den Hersteller unterschiedliche Maßnahmen vorgesehen, um die Auswirkungen unerwünschter thermo-elastischer Verlagerungen möglichst zu minimieren. Die gezielte Temperierung von Strukturbauteilen mithilfe von aktiven Kühlsystemen ist ein Beispiel, welches in kommerziellen Maschinensystemen vorzufinden ist. Da der Betrieb aktiver Kühlsysteme heutzutage aber praktisch entkoppelt von der Intensität der Maschinennutzung ist, können die theoretisch verfügbaren Potenziale oft nicht abgerufen werden. Darüber hinaus tragen aktive Kühlsysteme in nicht unerheblichem Maße zur elektrischen Leistungsaufnahme eines Fertigungssystems bei und wirken sich damit negativ auf den ökologischen Fußabdruck der Fertigung aus.

Die Biologisierung der Produktion verfolgt das Ziel, der Natur entlehnte Konzepte auf die Produktionstechnik zu übertragen. Diesem Leitgedanken folgend lässt sich für die oben beschriebene Problemstellung die Forderung einer homoiothermen bzw. gleichwarmen Werkzeugmaschine aufstellen. Gleichwarmen Lebewesen gelingt es mithilfe verschiedener Mechanismen, die Körperkerntemperatur weitestgehend losgelöst von den Umwelt- und Lebensbedingungen auf einem nahezu konstanten Niveau zu halten. Wirkungsvolle Stellmechanismen zur Beeinflussung des thermischen Haushalts und ein robustes Regelungskonzept bilden dafür die Grundlage. Übertragen auf die Werkzeugmaschine ergibt sich das Potenzial, aktive Kühlsysteme bedarfsgerecht einzusetzen, um thermo-elastische Verlagerungen einerseits und die im Aggregat umgesetzte elektrische Energie andererseits zu minimieren.

Die Zielsetzung der vorliegenden Arbeit ist deshalb die Entwicklung einer am Bedarf der Werkzeugmaschine ausgerichteten Regelungsarchitektur für den Einsatz der aktiven Kühlsysteme. Durch die zeitliche und räumliche Homogensisierung des thermischen Maschinenverhaltens sollen thermo-elastisch induzierte Verlagerungen am Tool Center Point (TCP) in der Betriebsphase reduziert werden.

Die vorliegende Arbeit entstand im Rahmen zweier Forschungsverbundprojekte, an welchen der Lehrstuhl für Werkzeugmaschinen des Werkzeugmaschinenlabors WZL der RWTH Aachen mitwirkte. Das Teilprojekt B03 des von der Deutschen Forschungsgemeinschaft (DFG) geförderten, transregionalen Sonderforschungsbereichs *SFB/TR 96* (Projektnummer 174223256) befasste sich mit der Analyse und Simulation des thermo-elastischen Verhaltens von Werkzeugmaschinenkomponenten und -baugruppen. Im Vorstandsprojekt *BioMANU III* der Fraunhofer-Gesellschaft stand die Biologisierung im Werkzeugmaschinenbau im Fokus der wissenschaftlichen Arbeiten. Beide Verbundprojekte wurden im Jahr 2023 erfolgreich abgeschlossen.

Introduction

In addition to the static and dynamic behavior, the thermoelastic deformation behavior represents the third component of load-dependent influencing factors on the machining accuracy of metal-cutting machine tools [BREC17b]. Despite decades of research into the underlying causality and the development of a wide range of countermeasures, thermoelastic effects still pose major challenges to users today. Small and medium-sized enterprises (SMEs) in particular often have neither the necessary know-how nor the right equipment to implement effective countermeasures on their own. In addition to the theoretical effectiveness of a possible countermeasure, the practical feasibility is always of central importance in manufacturing companies and decisive for the question of whether an improvement in thermoelastic machine behavior can actually be achieved.

For this reason, modern machine tools are already equipped with various measures by the manufacturer to minimize the effects of undesirable thermoelastic displacements. An active temperature manipulation of structural components by the use of active cooling systems is one example that can be found in commercial machine systems. However, since the operation of active cooling systems is nowadays practically decoupled from the intensity of machine use, the theoretically available potentials often cannot be exploited. In addition, active cooling systems contribute to a not inconsiderable extent to the electrical power consumption of a manufacturing system and thus have a negative impact on the ecological footprint of manufacturing.

The biologization of production pursues the goal of transferring concepts borrowed from nature to production technology. Following this principle, the requirement of a homoiothermic machine tool can be formulated for the problem described above. With various mechanisms, homoiothermic organisms are able to maintain their core body temperature at an almost constant level, largely independent of environmental and living conditions. Effective control mechanisms for influencing the thermal balance and a robust control concept form the basis for this. Transferred to the machine tool, this results in the potential to use active cooling systems to minimize thermoelastic displacements on the one hand and the electrical power consumption on the other hand.

Therefore, the objective of the present work is the development of a control architecture for active cooling systems taking into account the actual demand of the machine tool. The temporal and spatial homogenization of the thermal machine behavior is intended to reduce thermoelastically induced displacements at the Tool Center Point (TCP) during the operating phase.

The present work was developed within the framework of two joint research projects in which the Chair of Machine Tools of the Laboratory for Machine Tools and Production Engineering

(WZL) of RWTH Aachen University participated. The subproject B03 of the transregional collaborative research center *CRC/TR 96* (project number 174223256), funded by the German Research Foundation (DFG), dealt with the analysis and simulation of the thermoelastic behavior of machine tool components and assembly groups. In the Fraunhofer Society board project *BioMANU III*, the scientific work focused on biologization in machine tools. Both joint projects were successfully completed in 2023.

2 Stand der Technik in Forschung und Industrie

State of the art in research and industry

2.1 Grundlagen des thermo-energetischen Verhaltens von Werkzeugmaschinen

Fundamentals of the thermo-energetic behavior of machine tools

Der Betrieb einer Werkzeugmaschine ist stets verbunden mit der Wandlung von Energie, wobei hauptsächlich elektrische Energie in Wärme umgesetzt wird [BREC12]. Ein Bestandteil der **energetischen Bilanzierung** (vgl. Kapitel 2.1.1) trägt der Tatsache Rechnung, dass ein Teil der entstehenden Wärme in die Maschinenstruktur eingetragen wird. Verschiedene Mechanismen der **Wärmeübertragung** (vgl. Kapitel 2.1.2) rufen in der Folge ein zeitlich instationäres Temperaturfeld hervor, welches seinerseits die Ursache **thermo-elastischer Verlagerungen** (vgl. Kapitel 2.1.3) darstellt. Diese führen unter Hinzunahme der geometrischen und kinematischen Bedingungen der betrachteten Maschine zu unerwünschten Fehlern am TCP.

Für die Veranschaulichung des mehrstufigen Übertragungsverhaltens, ausgehend von der betriebsabhängigen Energiedissipation einer Werkzeugmaschine bis hin zu einem thermo-elastisch induzierten Fehler am TCP, kann die thermo-energetische Wirkkette herangezogen werden (vgl. Abbildung 2.1). Diese besteht dazu aus sequenziellen Übertragungsgliedern, die jeweils physikalische Einzelphänomene repräsentieren.

Da ein grundlegendes Verständnis dieser Phänomene die Basis für wirkungsvolle Maßnahmen zur Reduktion thermo-elastisch induzierter Werkstückfehler bildet, widmen sich die folgenden Unterkapitel der theoretischen Aufarbeitung.

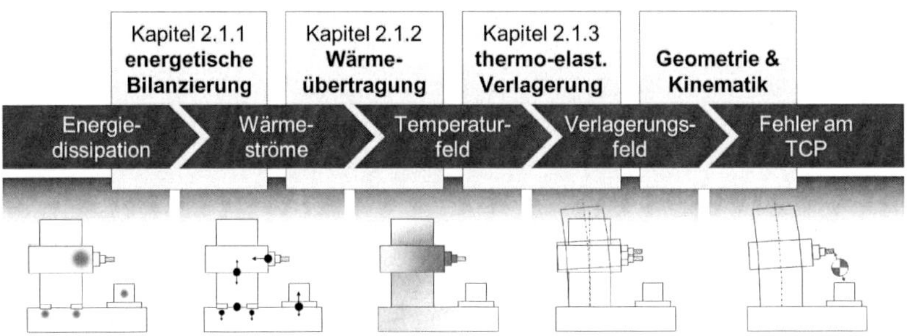

Abbildung 2.1: Thermo-energetische Wirkkette, nach [GROSS15]

Thermo-energetic functional chain, based on [GROSS15]

2.1.1 Energetische Bilanzierung

Energetic balancing

Nach DIN 69651 ist eine Werkzeugmaschine eine *"(...)Fertigungseinrichtung, die durch relative Bewegung zwischen Werkstück und Werkzeug eine vorgegebene Form am Werkstück (...) erzeugt"*. Der letztendliche Nutzen spanender Werkzeugmaschinen liegt somit in der Schaffung einer Werkstückgeometrie durch Spanabnahme. Durch diesen Vorgang wird die Materialoberfläche, sowohl am Werkstück als auch an den Spänen, vergrößert, weshalb Oberflächenenergie in einer energetischen Bilanzierung als Ausgangsgröße des Energieumwandlungsprozesses betrachtet werden kann. Die für die eigentliche Stofftrennung benötigte Leistung liegt allerdings bereits einige Größenordnungen unterhalb der durch die Hauptspindel tatsächlich aufgebrachten mechanischen Zerspanungsleistung [DENK11], weshalb die Oberflächenenergie als eigentliche energetische Ausgangsgröße in der Zerspanung nicht von Bedeutung ist.
Für eine beispielhafte Werkzeugmaschine gibt Abbildung 2.2 einen Überblick über die Aufteilung der Leistungsumsetzung, ausgehend von der elektrischen Leistungsaufnahme hin zum Umsatz in den unterschiedlichen Aggregaten der Maschine. Die Hauptspindel, die für die Bereitstellung der Zerspanleistung verantwortlich ist, nimmt im gezeigten Beispiel lediglich 10,2 % der Gesamtleistung auf. Für die vollumfängliche Funktionserfüllung einer spanabhebenden Werkzeugmaschine werden neben der Hauptspindel und den Vorschubantrieben allerdings eine Vielzahl an Nebenaggregaten benötigt, die im gezeigten Beispiel teilweise signifikante Leistungsaufnahmen verursachen [BREC12].

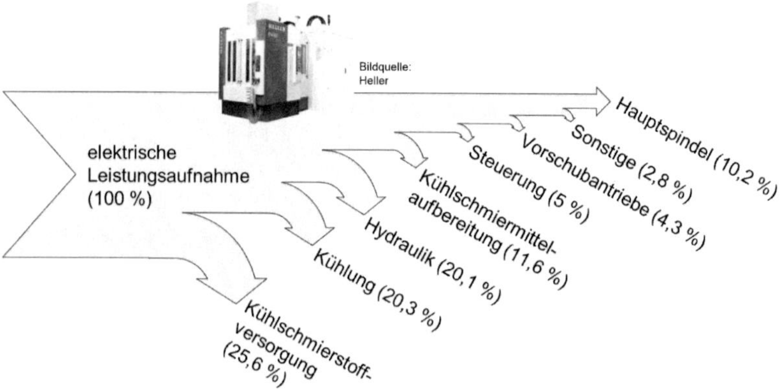

Abbildung 2.2: Bilanzierung der Energieflüsse an einer Werkzeugmaschine, nach [BREC12]

Balancing the energy flows on a machine tool, based on [BREC12]

In den einzelnen Aggregaten finden wiederum Energieumwandlungsprozesse statt, die prinzipbedingt verlustbehaftet sind, was zu Energiedissipation in Form von eingetragenen Wärmeströmen führt (vgl. Abbildung 2.1). Somit ist die Betrachtung der Energieflüsse in Werkzeugmaschinen ein wesentlicher Ausgangspunkt der thermo-energetischen Analyse.

Die in Abbildung 2.2 aufgeführten Zahlenwerte sind einer speziellen Werkzeugmaschine in einem durch den Anwender definierten Betrieb zuzuordnen und sind nicht auf andere Anwendungsfälle übertragbar. Um dennoch eine maschinenübergreifende Übersicht zu bekommen, sind in Abbildung 2.3 weitere veröffentliche Zahlen zum Energieverbrauch von Aggregaten in Werkzeugmaschinen zusammengetragen.

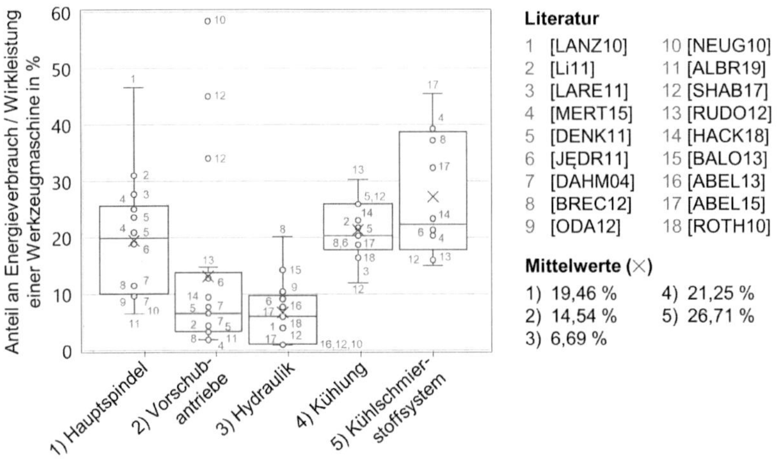

Abbildung 2.3: Mittlere Leistungsaufnahme verschiedener Bereiche von Werkzeugmaschinen

Average power consumption of different areas of machine tools

In den gelisteten Quellen wurden unterschiedliche Maschinen unter verschiedenen Betriebsbedingungen untersucht. Obwohl in den einzelnen Box-Plots eine zum Teil erhebliche Streuung der Werte ersichtlich wird, erlaubt die Literaturrecherche doch eine zumindest quantitative Bewertung der Leistungsaufnahme einzelner Aggregate von Werkzeugmaschinen. Hervorzuheben ist beispielsweise, dass aktive Kühlsysteme, die der Kühlung von elektrischen Maschinen und der Temperierung von Strukturbauteilen dienen, selbst wiederum für im Schnitt 21,25 % der Leistungsaufnahme verantwortlich sind. Ein Großteil der aufgenommenen elektrischen Energie wird in den Nebenaggregaten in Wärme umgesetzt. Obwohl diese Aggregate häufig extern angebracht und/oder isoliert sind, fließt ein nicht unerheblicher Anteil der entstandenen Verlustwärme in die Maschinenstruktur ab [BREC19b].

Hohe Leistungsaufnahmen insbesondere in den Nebenaggregaten in Kombination mit Verlustanteilen in sämtlichen Energieumwandlungsprozessen sorgen deshalb für einen Wärmeeintrag in die Werkzeugmaschine. Neben der aktiven Umsetzung elektrischer Energie und dem damit verbundenen Eintrag von Wärme in die Maschinenstruktur existieren weitere Effekte, die Einfluss auf den energetischen Haushalt einer Werkzeugmaschine nehmen können. Um der Tatsache, dass beispielsweise auch Wärme auf direktem Wege von außerhalb zu- oder abgeführt werden kann, gerecht zu werden, wird üblicherweise zwischen externen und internen Einflüssen unterschieden (vgl. Abbildung 2.4).

Für ein geschlossenes System, also ein thermodynamisches System, über dessen Bilanzgrenzen keine Materie tritt, gilt, dass sich die zeitliche Änderung der inneren Energie $\dot{U}$ aus der Summe aus zu- und abgeführter Wärmeströme $\dot{Q}$ und dem zeitlichen Transport von Arbeit $\dot{W}$ ergibt (erster Hauptsatz der Thermodynamik). Formel 2.1 berücksichtigt neben der internen Wärmeentstehung, beispielsweise hervorgerufen durch Energiedissipation im Rahmen von Energieumwandlungsprozessen in den Aggregaten einer Werkzeugmaschine, auch den Austausch mit der Umgebung, beispielsweise hervorgerufen durch das Hallenklima oder benachbarte Anlagen.

$$\dot{U} = \dot{Q} + \dot{W} \tag{2.1}$$

Die zeitliche und örtliche Verteilung der Energie innerhalb der Bilanzgrenze ist letztendlich eine Folge der Bauform und Materialeigenschaften (vgl. Abbildung 2.4) der Strukturbauteile einer Werkzeugmaschine. Die Mechanismen der **Wärmeübertragung** sind deshalb für das Entstehen eines zeitlich transienten Temperaturfelds verantwortlich und werden im Folgenden genauer betrachtet.

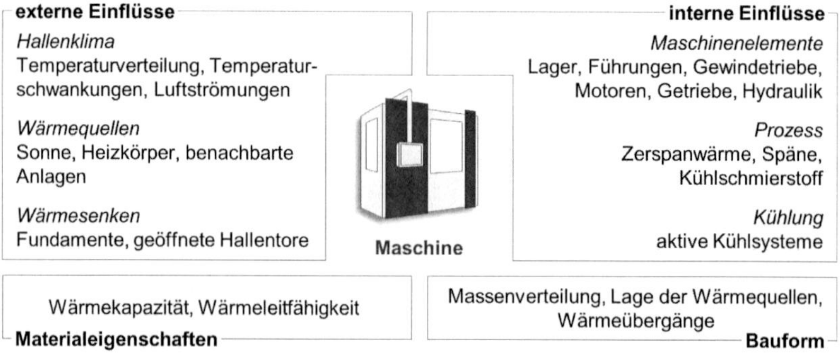

Abbildung 2.4: Einflüsse auf das thermische Verhalten von Werkzeugmaschinen, nach [BREC17b]

Influences on the thermal behavior of machine tools, based on [BREC17b]

2.1.2 Wärmeübertragung

Heat transfer

Das natürliche Streben nach einem Gleichgewichtszustand sorgt für den kontinuierlichen Abbau existierender Potentialdifferenzen. Hinter dem Begriff der Wärmeübertragung verbirgt sich der Übertrag von Wärme von einer Stelle im Raum an eine andere. Dabei wird zwischen drei verschiedenen Übertragungsmechanismen unterschieden (vgl. Abbildung 2.5). [GRÖB55]

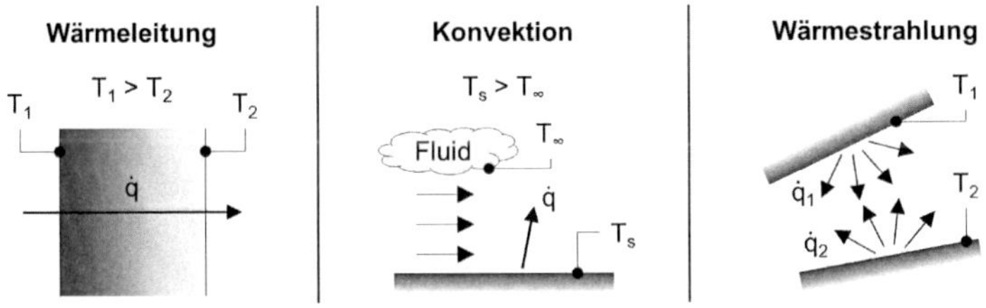

Abbildung 2.5: Wärmeleitung, Konvektion und Wärmestrahlung, nach [INCR11]

Heat conduction, convection and radiation, based on [INCR11]

Die **Wärmeleitung** umfasst den materiegebundenen Wärmeübertrag, wobei ein Wärmeaustausch lediglich zwischen benachbarten Teilchen eines Körpers auftritt. Durch Stöße und Reibung findet ein Angleichen des energetischen Niveaus dieser Teilchen statt. Trotz der molekularen Wirkmechanismen verzichtet die analytische Theorie auf die Beschreibung ebendieser Elementarvorgänge und legt eine makroskopische Betrachtungsweise zugrunde. Das räumliche, zeitlich instationäre Temperaturfeld T eines Körpers kann entsprechend Formel 2.2 deshalb als Funktion der Raumkoordinaten x, y und z und der Zeit t ausgedrückt werden. [GRÖB55]

$$T = f(x, y, z, t) \tag{2.2}$$

In einem homogenen, vollständig isotropen Festkörper, in dem lediglich der Mechanismus der Wärmeleitung wirkt, kann die auftretende Wärmestromdichte $\dot{q}$ (in W/m^2) als Folge eines unausgeglichenen Temperaturfelds über Formel 2.3 ausgedrückt werden, wobei λ der Wärmeleitfähigkeit des Materials entspricht. Da es sich bei dem Temperaturfeld um ein Skalarfeld handelt, entspricht der Gradient hier dem Nabla-Operator. [GRÖB55]

$$\dot{q} = -\lambda \cdot grad(T) = -\lambda \cdot \nabla T \tag{2.3}$$

Verfügt der betrachtete Körper über eine räumliche Wärmequelle $\dot{w}$ (in W/m^3), so lässt sich über eine Energiebilanz die Änderung der inneren Energie beschreiben. Dabei kann der Unterschied der zu- und abgeleiteten Wärme über einen Taylor-Reihen-Ansatz formuliert werden, bei dem lediglich Glieder erster und zweiter Ordnung berücksichtigt werden. In der Folge entsteht die partielle Differentialgleichung in Formel 2.4, auch bekannt als Fouriersche Differenzialgleichung. Neben den bereits eingeführten Größen sind darin die spezifische Wärmekapazität c und die Dichte ρ enthalten. [GRÖB55] Formel 2.4 stellt einen Spezialfall der allgemeinen Energiebilanz für ein geschlossenes System in Formel 2.1 dar.

$$\frac{\partial T}{\partial t} = \frac{\lambda}{c \cdot \rho} \nabla^2 T + \frac{1}{c \cdot \rho} \dot{w} \tag{2.4}$$

Die **Konvektion** ist der zweite Wärmeübertragungsmechanismus. Diesem Phänomen liegt der Transport von Teilchen mit einer inneren Energie zugrunde, weshalb auch von einer Wärmemitführung gesprochen werden kann. Unterschieden wird zwischen freier bzw. natürlicher und erzwungener Konvektion, wobei sich die beiden genannten Konvektionsarten hinsichtlich der die Strömung verursachenden Triebkraft voneinander abgrenzen. Während die Teilchenbewegung im Rahmen der freien Konvektion eine Folge eines Druckunterschieds ist, der seinerseits durch eine Temperaturschichtung des umgebenden Fluids hervorgerufen werden kann, wird die Strömung der erzwungenen Konvektion durch äußere Effekte verursacht. Unabhängig von der Konvektionsart beschreibt Formel 2.5 den konvektiven Wärmeübergang. Hier berücksichtigt der Wärmeübergangskoeffizient α die zugrundeliegenden Strömungsbedingungen, während T_∞ die Umgebungstemperatur darstellt. [INCR11]

$$\dot{q} = \alpha \cdot (T_\infty - T) \tag{2.5}$$

Da der Koeffizient α von den jeweils vorherrschenden, sehr individuellen Randbedingungen abhängt, hat sich in der ersten Hälfte des 20. Jahrhunderts die Ähnlichkeitstheorie zur verallgemeinerten Berechnung von Wärmeübergangskoeffizienten etabliert [NUSS09]. Die Zielsetzung besteht dabei darin, in absoluten Dimensionen individuelle Szenarien auf gleiche, relative Randbedingungen zurückzuführen. Der konvektive Wärmeübergang an zwei geometrisch unterschiedlichen Oberflächen verhält sich genau dann gleich, wenn die Nusselt-Zahlen nach Formel 2.6 identisch sind. Das bedeutet, dass die relevanten geometrischen und stoffabhängigen Größen in korrespondierendem Verhältnis zueinander stehen. [BAEH13] Als dimensionsloser Kennwert drückt die Nusselt-Zahl aus, in welchem Verhältnis die Wärmeabgabe bzw. -aufnahme über Konvektion und Wärmeleitung stehen.

$$Nu = \frac{\alpha \cdot l}{\lambda} \tag{2.6}$$

Der dritte Mechanismus der Wärmeübertragung ist die **Wärmestrahlung**. Verantwortlich dafür ist der Austausch elektromagnetischer Strahlung, wobei sich aus den Grundlagen der Strahlentheorie ein analytischer Berechnungsansatz dafür finden lässt. Für den praktischen Anwender steht mit Formel 2.7 ein einfacher Ausdruck zur Berechnung der abgestrahlten Wärmestromdichte eines Körpers zur Verfügung [PLAN06]. Um die tatsächlich abgestrahlte Wärmestromdichte an die Oberflächenkonditionen des abstrahlenden Körpers anzupassen, wurde neben der Stefan-Boltzmann-Konstante σ_{SB} der Emissionsgrad ϵ_{α} eingeführt. Trotz einer Abhängigkeit von der Wellenlänge des emittierten Strahlenspektrums, wird zur Berechnung häufig auf einen gemittelten Konstantwert zurückgegriffen. Die Einstrahlzahl F_{12}, auch Sichtfaktor genannt, spielt für die Berechnung der Strahlung, abgestrahlt von Fläche 1 auf Fläche 2, eine wichtige Rolle und berücksichtigt die räumliche Ausrichtung verschiedener Flächen zueinander. Die von Körper 1 auf Körper 2 abgestrahlte Wärmestromdichte ergibt sich nach Formel 2.7 zu:

$$\dot{q} = F_{12} \cdot \epsilon_{\alpha} \cdot \sigma_{SB} \cdot T_1^4 \tag{2.7}$$

Der Betrieb einer Werkzeugmaschine ist stets mit dem Auftreten aller drei Wärmeübertragungsmechanismen verbunden, deren Zusammenspiel die Auswirkungen zeitlich variabler Wärmequellen- und -senken (vgl. Kapitel 2.1.1) auf das Temperaturfeld liefert. Für die analytische Berechnung eines solchen Temperaturfelds ist die Lösung der durch Formel 2.4 unter Hinzuziehen von Formel 2.5 und 2.7 entstehenden partiellen Differentialgleichung mit zeitinvarianten, nichtlinearen Randbedingungen notwendig.

2.1.3 Thermo-elastische Verlagerungen

Thermoelastic displacements

Instationäre bzw. transiente Temperaturfelder stellen die Ursache zeitlich variabler thermo-elastischer Verlagerungen am TCP einer Werkzeugmaschine dar. Dafür verantwortlich sind thermo-elastische Deformationen von Festkörpern der Maschinenstruktur. Für ein Verständnis dieser Zusammenhänge müssen Atom-Schwingungen als Ausgangspunkt herangezogen werden. Der Schwingungszustand eines Atoms korreliert mit der Temperatur, wobei ein Temperaturanstieg in Festkörpern eine Steigerung der Schwingungsamplitude zur Folge hat. Die potenzielle Energie, die die Summe von anziehenden und abstoßenden Kräften zwischen Atomen innerhalb eines Moleküls umfasst, weist dabei eine nichtlineare Abhängigkeit vom Atomabstand auf (asymmetrisches Bindungspotential). Dies resultiert in einem überproportional hohen Anstieg der abstoßenden Kräfte bei größeren Schwingungsamplituden. Ein neuer Gleichgewichtszustand bei Temperaturanstieg ist somit gleichbedeutend mit einem Anstieg des mittleren Atomabstands. Makroskopisch bedeutet dies die Ausdehnung des Kontinuums. [GIES92] Verglichen mit den Zeitkonstanten thermischer Phänomene im Werkzeugmaschinenbau ist die Geschwindigkeit der thermo-elastischen Dehnung so groß, dass sich ein näherungsweise lineares, also proportionales Übertragungsverhalten von der Temperatur hin zur Verformung definieren lässt. Auch der durch die Dehnung hervorgerufene Wärmeeintrag von deformierten Körpern kann im Falle von vergleichsweise geringen Dehnraten vernachlässigt werden. Für Werkzeugmaschinen ergibt sich somit eine quasi-statische thermo-elastische Verformung. [PARK76]

Für einen eindimensionalen Stab kann die axiale, thermo-elastische Längendehnung ϵ_{th} als Funktion der homogenen Temperaturänderung ΔT über Formel 2.8 ausgedrückt werden. Darin beschreibt die Konstante α_{th} den Ausdehnungskoeffizienten des Werkstoffs.

$$\epsilon_{th} = \alpha_{th} \cdot \Delta T \tag{2.8}$$

Die Gesamtdehnung eines Körpers ergibt sich aus der Summe der thermo-elastischen und strukturmechanischen Dehnung ϵ nach Formel 2.9, wobei der strukturmechanische Anteil unter Annahme linear-elastischen Verhaltens über das Hooke'sche Gesetz mit der Spannung σ und dem Elastizitätsmodul E abgebildet werden kann.

$$\epsilon_{ges} = \epsilon + \epsilon_{th} = \frac{\sigma}{E} + \epsilon_{th} \tag{2.9}$$

Aus Formel 2.9 lässt sich das Verhalten eines thermisch beanspruchten Körpers in verschiedenen Einspannungszuständen ableiten. Wird der Körper nicht in seiner thermischen Ausdehnung beschränkt, ist dies gleichbedeutend mit der Tatsache, dass keine fesselnden Auflagerkräfte wirken. Somit gilt, dass der mechanische Anteil wegfällt ($\sigma = 0$) und die Gesamtdehnung ϵ_{ges} gleich der thermischen Dehnung ϵ_{th} ist. Der Körper ist in diesem Szenario spannungsfrei. Wird der Körper allerdings vollständig an seiner Ausdehnung gehindert, gilt $\epsilon_{ges} = 0$. Da sich die thermische und die mechanische Dehnung die Waage halten, treten mechanische Spannungen im Körper auf, die Formel 2.10 folgen. Das negative Vorzeichen impliziert, dass es sich um Druckspannungen handelt.

$$\sigma = -\alpha_{th} \cdot \Delta T \cdot E \tag{2.10}$$

Die Kapitel 2.1.1 bis 2.1.3 verdeutlichen, dass das thermo-elastische Verhaltens von Werkzeugmaschinen im Grundsatz berechenbar ist. Da den gezeigten analytischen Ansätzen allerdings häufig idealisierte Bedingungen zugrunde liegen, ist die Charakterisierung des thermoelastischen Verhaltens von Werkzeugmaschinen mit einem zum Teil erheblichen Mess- (vgl. Kapitel 2.2) oder Modellierungsaufwand (vgl. Kapitel 2.3) verbunden.

2.2 Messtechnische Erfassung des thermo-energetischen Übertragungsverhaltens

Measuring of the thermo-energetic transmission behavior

Die messtechnische Erfassung physikalischer Größen entlang der thermo-energetischen Wirkkette bildet die Basis für eine Vielzahl von Überwachungs- , Steuerungs- und Regelungsaufgaben. Abbildung 2.6 gibt einen Überblick über im Werkzeugmaschinenbau gängige Messmittel. [BREC19b]

Eine Messung der Energiedissipation wie auch der resultierenden Wärmeströme ist auf direktem Wege nicht möglich. Die entsprechenden Größen können allerdings aus anderen, direkt messbaren Größen bestimmt werden. Im Falle der Energiedissipation können beispielsweise Strom- und Spannungsmessungen für die Quantifizierung einer elektrischen Leistung genutzt werden. Wärmeströme an Füge- oder Koppelstellen können hingegen aus einer gemessenen Temperaturdifferenz gewonnen werden, wenn der zugrundeliegende Wärmewiderstand bekannt ist. Für die Temperaturmessung werden häufig Widerstandsthermometer, beispielsweise Pt100- und Pt1000-Sensoren, oder auf dem Seebeck-Effekt basierende Thermo-Elemente verwendet. Quarzthermometer, Thermographiekameras und Farb-Pyrometer kommen ebenfalls zum Einsatz. Die Erfassung eines Verlagerungsfeldes kann mithilfe von Photogrammetrie-Kameras erfolgen, wobei die Bewegung mehrerer applizierter Einzelmesspunkte im Raum verfolgt wird. Verlagerungsmessungen am TCP können zum Beispiel über Differentialtransformatoren in Kombination mit einem Messdorn (siehe unten), über Tracking-Interferometer, über einen Double-Ball-Bar oder über einen Messtaster mit Normal realisiert werden. Insbesondere in der Industrie wird häufig auf Prüfwerkstücke zurückgegriffen, wobei durch den Abgleich der nachträglich gemessenen Ist-Geometrie und der Soll-Geometrie auf thermo-elastische Maschinenfehler zurückgeschlossen werden kann.

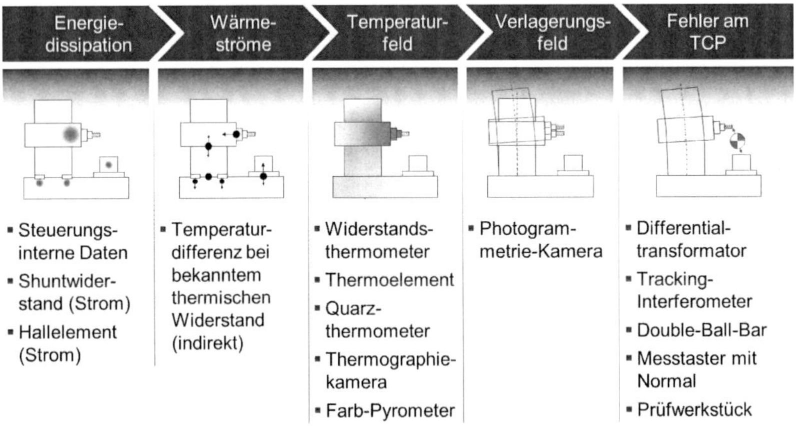

Abbildung 2.6: Gängige Messmittel entlang der thermo-energetischen Wirkkette, nach [BREC19b]

Common measuring equipment along the thermo-energetic functional chain, based on [BREC19b]

Im Werkzeugmaschinenbau gängige Messgrößen sind Temperaturen und TCP-Verlagerungen, da diese Größen vergleichsweise einfach erfassbar sind und einen bestmöglichen Rückschluss auf die letztendlich interessante Bearbeitungsgenauigkeit zulassen. Eine gut aufbereitete Übersicht zu den verwendeten Messmitteln ist in [WENN18] zu finden, weshalb im Folgenden lediglich die im Rahmen dieser Arbeit verwendeten Messverfahren vorgestellt werden.

Strukturtemperaturen werden im Rahmen der Arbeit mit extern applizierten Pt100-Sensoren aufgenommen. Widerstandsthermometer dieser Art sind in der Praxis gängige Messmittel zur Temperaturmessung. Ihr Funktionsprinzip beruht auf der Tatsache, dass sich der elektrische Widerstand einiger Metalle und Halbleiter in Abhängigkeit der Temperatur ändert, wobei das Element Platin (Elementsymbol Pt) eine in besonderem Maße lineare Korrelation zwischen Temperatur und elektrischem Widerstand aufweist. [HERW09] Die Zahl 100 in der Sensorbezeichnung beschreibt den Nennwiderstand von 100 Ω bei 0 °C. Der Temperaturkoeffizient a kann entsprechend Formel 2.11 genutzt werden, um das im relevanten Temperaturbereich lineare Übertragungsverhalten formeltechnisch abzubilden und beträgt bei den verwendeten Sensoren 3850 $\frac{10^{-6}}{K}$. Die Temperatur ist in dieser Formel in der Einheit °C einzusetzen.

$$R(T) = R_0 \cdot (1 + a \cdot T) \tag{2.11}$$

Im einfachsten Fall beruht ein Widerstandsthermometer auf der 2-Leiter-Technik, sodass der Sensor beidseitig mit dem Messgerät verbunden ist. In dieser Konstellation wirkt sich der Eigenwiderstand R_{Leiter} der Leiter auf den gemessenen Gesamtwiderstand aus. Für den sich in Abhängigkeit der Leiterlänge ergebenden Messfehler T_{Fehler} kann Formel 2.11 mit $R(T) = R_0 + R_{Leiter}$ und $T = T_0 + T_{Fehler}$ zu Formel 2.12 umgeformt werden.

$$T_{Fehler} = \frac{R_{Leiter}}{R_0 \cdot a} \tag{2.12}$$

Formel 2.13 liefert den Leiterwiderstand R_{Leiter}, wozu die beispielhafte Leiterlänge l von 20 m (bei 10 m Kabellänge), der Leiterquerschnitt A von 0,34 mm^2 und der spezifische Widerstand von Kupfer κ von 0,01786 $\frac{\Omega \cdot mm^2}{m}$ herangezogen werden. Es ergibt sich ein Leiterwiderstand von 1,05 Ω.

$$R_{Leiter} = \kappa \cdot \frac{l}{A} = 1,05\,\Omega \tag{2.13}$$

Mithilfe von Formel 2.12 berechnet sich der Messfehler in diesem konstuierten Gedankenexperiment zu 2,73 °C. In Anwendungen mit hohen Genauigkeitsanforderungen wird deshalb auf die 3- oder gar 4-Leiter-Technik zurückgegriffen. Bei letztgenanntem Ansatz wird das Messelement beidseitig mit jeweils einem weiteren Leiter mit dem Messgerät verbunden. Asymmetrische Leiterwiderstände können durch Verschalten der vier Leiter als Vollbrücke kompensiert werden, sodass der Eigenwiderstand der Leiter vollständig eliminiert wird.

Für die relative Messungen von Verlagerungen und Verkippungen zwischen TCP und Maschinentisch dient der in der Norm ISO 230:3 definierte *Environmental temperature variation error test* (ETVE-Test) [INTE20]. In der Prüfregel ist die Erfassung von drei translatorischen und zwei rotatorischen relativen Fehlern vorgesehen, wozu insgesamt fünf auf einen Messdorn ausgerichtete Wegaufnehmer zum Einsatz kommen (vgl. Abbildung 2.7). Die Norm sieht vor, den Messaufbau lediglich für die Quantifizierung des Einflusses der Umgebungstemperatur auf das Verlagerungs- bzw. Verkippungsverhalten zu nutzen. Ein Erwärmen der Maschine durch die Achsregelung ist zu vermeiden oder muss im Messbericht explizit kenntlich gemacht werden. Trotz dieser Vorgaben eignet sich das Messvorgehen in der Praxis auch für die Charakterisierung thermischer Fehler, die ebenso durch interne Wärmequellen und -senken beeinflusst werden. Da sich die gemessenen Abweichungen allerdings immer aus der Überlagerung aller Einzeleffekte ergeben, ist eine isolierte Bewertung der Einzelphänomene dann nicht mehr möglich. Um den Einfluss thermischer Dehnungen auf das Messergbnis zu minimieren, empfiehlt sich der Einsatz thermisch stabiler Werkstoffe mit einem geringen Wärmeausdehnungskoeffizienten. Die Eisen-Nickel-Legierung Invar, abgeleitet aus dem Wort Invarianz, erreicht Werte zwischen 1,7 bis 2 $\frac{\mu m}{m \cdot K}$.

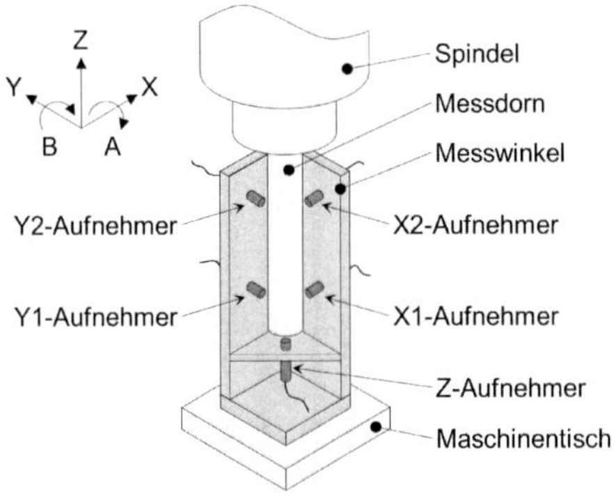

Abbildung 2.7: ETVE-Test zur Erfassung relativer translatorischer und rotatorischer Fehler am TCP, nach [INTE20]

ETVE test for detecting relative translational and rotational errors at the TCP, based on [INTE20]

Die messtechnische Erfassung thermo-elastischer Verlagerungen ist, über den ETVE-Test hinaus, stets aufwändig oder mit hohen Kosten verbunden, sodass eine direkte Erfassung im Produktivbetrieb bei kommerziellen Werkzeugmaschinen nicht vorgesehen ist. Obwohl aktuelle Forschungsvorhaben das Ziel verfolgen, möglichst effiziente Messverfahren in den Produktivbetrieb einzubinden [BREC18a], kommen derartige Systeme industriell nur in Spezialanwendungen zum Einsatz. Vorgelagerte Größen in der thermo-energetischen Wirkette, wie beispielsweise Temperaturen, können hingegen ohne Produktivitätseinbußen mit vergleichsweise günstigen Sensorsystemen aufgenommen werden. Motorströme oder Vorschubgeschwindigkeiten als Vertreter maschineninterner Daten können heutzutage sogar direkt aus der Steuerung ausgelesen werden, sodass deren Erfassung keiner externen Sensorik bedarf. Die Fähigkeit, das thermo-elastische Verlagerungsverhalten aus diesen vorgelagerten Größen zu bestimmen, birgt deshalb enormes Potenzial, effiziente Maßnahmen zur Verbesserung des Betriebsverhaltens von Werkzeugmaschinen industriell verfügbar zu machen.

2.3 Modellierung des thermo-energetischen Übertragungsverhaltens

Modeling of the thermo-energetic transmission behavior

Neben der messtechnischen Erfassung physikalischer Größen entlang der thermo-energetischen Wirkkette besteht die Möglichkeit, diese aus vorgelagerten Größen auf Basis eines entsprechenden Modells, das das Übertragungsverhalten abbildet, zu ermitteln. Für Werkzeugmaschinen existiert eine Vielzahl an Ansätzen zur Modellierung des thermischen und thermo-elastischen Verhaltens. Im Rahmen einer Literaturrecherche wurden insgesamt 134 internationale Publikationen identifiziert, wobei Abbildung 2.8 die historische Entwicklung der jährlichen Veröffentlichungsleistung zeigt. Insbesondere ab dem Jahr 2011 ist eine verstärkte Publikationstätigkeit auf diesem Gebiet auszumachen, was unter anderem auf den seit besagtem Jahr durch die DFG geförderten *SFB/TR 96 Thermo-energetische Gestaltung von Werkzeugmaschinen* zurückzuführen ist.

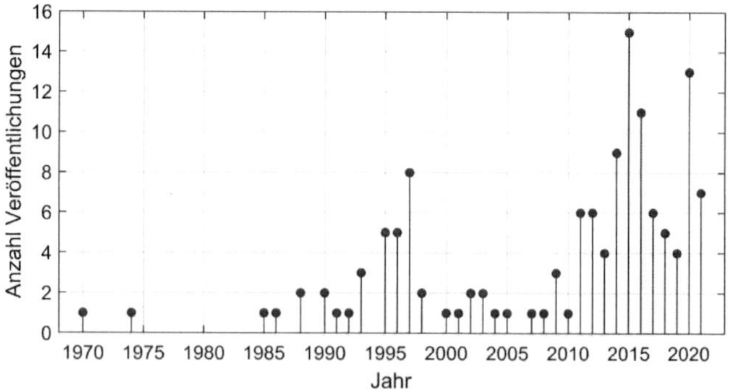

Abbildung 2.8: Historie von Veröffentlichungen zur Modellierung des thermischen und thermo-elastischen Verhaltens von Werkzeugmaschinen (1970 bis 2021)

History of publications on modeling the thermal and thermoelastic behavior of machine tools (1970 till 2021)

In 88 % der Publikationen wurden neben Temperaturen auch Verlagerungen bestimmt. 71 % der Veröffentlichungen behandeln die Gesamtmaschine, während die Hauptspindel in 28 % und einzelne Strukturbauteile in 12 % der Arbeiten betrachtet wurden. Die Summe der relativen Anteile übersteigt den Wert von 100 %, da in einzelnen Publikationen zum Teil mehrere Modelle vorgestellt werden. Eine Validierung der entwickelten Modelle auf Basis von Messdaten fand in 95 % der berücksichtigten Arbeiten statt. Die Kurzübersicht über den Stand der Technik im Bereich der Modellbildung verdeutlicht, dass das Themenfeld des thermo-elastischen Verhaltens von Werkzeugmaschinen die Wissenschaft und Forschung in den vergangenen 15 Jahren intensiv beschäftigt hat. Auf die Fähigkeit, Zusammenhänge zu verstehen und vor allem modellieren zu können, wird dabei besonderes Augenmerk gelegt.

Der reine Modellbegriff wird allerdings der Tatsache nicht gerecht, dass sich die Menge an entwickelten Lösungen zum Teil erheblich hinsichtlich der Abbildung des zugrundeliegenden Übertragungsverhaltens unterscheidet. Dem Ansatz der kybernetischen Systemtheorie folgend kann die Übertragungsfunktion zwischen zwei Zuständen entlang der Wirkkette über **White-** (Kapitel 2.3.1), **Grey-** (Kapitel 2.3.2) und **Black-Box-Modelle** (Kapitel 2.3.3) abgebildet werden (vgl. Abbildung 2.9), wobei sich hinter den drei Farben eine unterschiedliche Komplexität bei der Beschreibung zugrundeliegender Prozesse und Wechselwirkungen verbirgt. [SKYT08]

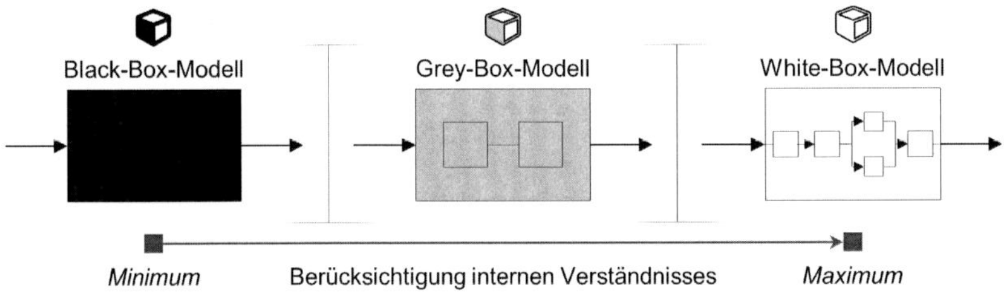

Abbildung 2.9: Modelltypen nach Grad des internen Verständnisses, nach [SKYT08]
Model types by degree of internal understanding, based on [SKYT08]

Während Black-Box-Modelle eine direkte Verknüpfung von Systemein- und -ausgängen herstellen, bilden Grey-Box-Modelle eine Teilkenntnis interner Systemeigenschaften ab. Das White-Box-Modell kann als vollständig transparente Architektur angesehen werden, in welcher eine ganzheitliche Beschreibbarkeit der funktionalen Zusammenhänge zwischen Ein- und Ausgängen vorliegt. Eine tiefergehende Erläuterung der unterschiedlichen Modelltypen wird in den folgenden Abschnitten um entsprechende Beispiele aus der Literatur ergänzt.

2.3.1 Black-Box-Modelle

Block-box models

Für ein bestehendes Set aus Ein- und Ausgangsdaten machen Black-Box-Modelle die Abhängigkeit der Ausgänge von den Eingängen funktional beschreibbar. Der Fokus liegt somit vielmehr auf der Ausnutzung mathematischer Korrelation als auf der Abbildung phänomenologischer Kausalität, also der Berücksichtigung prozessualen Wissens. Im Werkzeugmaschinenbau kommen Black-Box-Modelle seit langer Zeit zum Einsatz, vorzugsweise zur Korrektur thermo-elastischer Fehler am TCP (vgl. Kapitel 2.4.1).
Die einfachsten Vertreter von Black-Box-Modellen sind einzel- oder multivariable Regressionsmodelle, wobei Ansatzfunktionen unterschiedlicher Ordnung zur Beschreibung des thermo-energetischen Übertragungsverhaltens Anwendung finden können. Neben einer Vielzahl an Beispielen für lineare Ansätze [SCHM90; SCHÄ93; JĘDR07; MIAO13; MAYR16; GRAM17] existieren Modelle höherer Ordnung [HUAN95] oder anderer Ansatzfunktionen, wie Wurzel- [BRÜS84] oder Potenzfunktionen [WIEL89]. In den letzten 25 Jahren sind aufgrund steigender Rechnerleistungen zunehmend mathematisch komplexere Modellansätze in den Fokus der Forschung gerückt. Da im Rahmen des Parametrierungsprozesses dieser Modelle weitaus komplexere Korrelationen aufgestellt werden, können auch multivariable oder sogar gänzlich unbekannte Abhängigkeiten gefunden und abgebildet werden. Insbesondere künstliche neuronale Netze (KNN) finden eine breite Anwendung zur Beschreibung des thermo-elastischen Übertragungsverhaltens [HATA93; WECK95; CHEN96; BONS99; YANG05; KANG07; YANG11; FENG16]. Weitere, wenn auch seltener applizierte Modellansätze sind Support Vector Machines (SVM) [RAME03; GONG13], Kalman-Filter [ZHAO18] oder hybride, mehrstufige Modelle, die verschiedene Ansätze in einem Gesamtmodell kombinieren. Ein Großteil der entwickelten Modelle bildet allerdings nur einen kleinen Bereich der thermo-energetischen Wirkkette ab, da in der Regel diskrete Temperaturstützstellen verteilt über die Maschinenstruktur als Eingangsgröße zur Berechnung der Verlagerungen und Verkippungen am TCP verwendet werden. Der Konflikt aus erzielbarer Modellgüte und benötigter Anzahl an Eingangsgrößen hängt dabei von der Sensitivität der gewählten Messstellen ab. Die strukturierte Identifikation einer optimalen Sensorplatzierung ist deshalb Gegenstand aktueller Forschungsvorhaben [HERZ15; BREC21].

Obwohl es sich bei den hier aufgelisteten Arbeiten lediglich um eine Auswahl handelt, wird schon deutlich, dass sich eine Vielzahl von Forschungsvorhaben mit diesem Thema beschäftigt hat. Da für die Definition rein mathematischer Korrelationen keine Grundlagenuntersuchungen zur Identifikation zugrundeliegender Kausalzusammenhänge notwendig sind, erfreuen sich Black-Box-Modelle großer Beliebtheit.

2.3.2 Grey-Box-Modelle

Grey-box models

Während Black-Box-Modelle auf Basis einer ausreichend großen Datenlage rein mathematische Korrelationen abbilden, zielen Grey-Box-Modelle auf die Einbindung physikalisch begründeten Systemwissens ab. Dadurch soll die notwendige Datengrundlage, die es für die Definition eines validen Modells bedarf, reduziert werden. Im Rahmen des thermo-elastischen Verhaltens dienen häufig Verzögerungsglieder verschiedener Ordnung als Ansatzfunktion zur Beschreibung des Übertragungsverhaltens. Wird Gleichung 2.4 eines infinitesimalen Volumenelements auf ein geschlossenes Gesamtsystem unter Wirkung einer konvektiven Randbedingung (vgl. Gleichung 2.5) erweitert, so folgt Gleichung 2.14. Zusätzlich wird die Übertemperatur $\vartheta = T - T_\infty$ eingeführt.

$$c \cdot \rho \cdot V \cdot \frac{\partial \vartheta}{\partial t} + \alpha \cdot A \cdot \vartheta = \dot{Q} \tag{2.14}$$

Ausgehend von Gleichung 2.14 lässt sich die thermische Übertragungsfunktion $G(s)$, von der Wärmequelle $\dot{Q}$ hin zur Übertemperatur ϑ, für das betrachtete Szenario im Bildbereich aufstellen.

$$G(s) = \frac{\vartheta(s)}{\dot{Q}(s)} = \frac{\frac{1}{\alpha \cdot A}}{1 + s \cdot \frac{c \cdot \rho \cdot V}{\alpha \cdot A}} = \frac{K_{PT}}{1 + s \cdot T_{PT}} \tag{2.15}$$

Gleichung 2.15 zeigt, dass es sich bei der Übertragungsfunktion um ein Verzögerungsglied erster Ordnung, auch PT1-Glied genannt, handelt, charakterisiert durch die Parameter K_{PT} als Verstärkungsfaktor und T_{PT} als Zeitkonstante. Da das weitere Übertragungsverhalten von der Temperatur hin zu einer Verlagerung im Falle von Werkzeugmaschinen als linear angenommen werden kann, gilt das charakteristische Verzögerungsverhalten für das thermo-elastische Übertragungsverhalten. Auf diesen Grundlagen aufbauende Grey-Box-Modelle werden häufig zur Korrektur thermisch induzierter Verlagerungen am TCP verwendet [BREC13; BREC15; BREC18b].

2.3.3 White-Box-Modelle

White-box models

White-Box-Modelle fußen auf dem Grundgedanken, das Übertragungsverhalten entlang der thermo-energetischen Wirkkette durch bekannte, physikalische Zusammenhänge abzubilden. Insbesondere für die Beschreibung des thermischen und thermo-elastischen Verhaltens hat sich eine Vielzahl von Verfahren etabliert. Bei komplexen Anwendungen ist die Lösung des zugrundeliegenden nichtlinearen Problems, meist ausgedrückt durch partielle Differentialgleichungen (vgl. Kapitel 2.1.2), auf analytischem Wege nicht möglich. Die Zerlegung des Problems in eine endliche Anzahl diskreter Teilprobleme kann eine gekoppelte Berechnung dieser Teilprobleme durch numerisches Lösen ermöglichen. Das aus mathematischer Sicht einfachste Verfahren, das diesen Ansatz verfolgt, ist die Finite-Differenzen-Methode (FDM). Hierbei wird der betrachtete Körper gleichmäßig durch eine diskrete Anzahl an Knotenpunkten approximiert, wodurch die räumlichen Gradienten in den physikalischen Grundgleichungen über entsprechende Differenzensterne vereinfacht ausgedrückt werden können. Unter Hinzunahme einer Zeitdiskretisierung ergibt sich in der Folge ein lineares Gleichungssystem. Die Finite-Elemente-Methode (FEM) hingegen betrachtet das Zusammenspiel einer finiten Anzahl an Volumenelementen und konzentriert die volumetrischen Eigenschaften im Gegensatz zur FDM nicht in einzelnen Punkten. Trotz der numerischen Lösung wird das betrachtete Volumen weiterhin als Kontinuum abgebildet. Dabei wird das Verhalten der betrachteten Zustandsgröße über den Volumenelementen durch Ansatzfunktionen verschiedener Ordnungen approximiert.

Die simulative Berechnung des thermo-elastischen Verhaltens von Werkzeugmaschinen ist historisch gekoppelt mit der Verfügbarkeit der für die Lösung benötigten Rechenkapazitäten. JĘDRZEJEWSKI modellierte bereits 1992 das thermische Verhalten einer Werkzeugmaschine samt Hauptspindel mithilfe finiter Elemente und stellte Ansätze zur Beschreibung thermischer Randbedingungen dar [JĘDR92]. JUNGNICKEL nutzte ein FDM-basiertes Modell zur Berechnung von Temperatur- und Verlagerungsgängen an mehreren Werkzeugmaschinen [JUNG00]. Darauf aufbauend sind in [JUNG10] umfangreiche Tabellen zu Stoffwerten sowie Teilmodelle zur Berechnung thermischer Randbedingungen zusammengetragen. In einer Vielzahl weiterer Arbeiten anderer Autoren werden zum Teil unterschiedliche Fokusse gesetzt. GLEICH entwickelte einen Simulationsbaukasten und betrachtete darin insbesondere eine optimierte und automatisierte Vernetzung von Strukturen [GLEI08]. Um die benötigte Rechenzeit zu reduzieren, kombinierte MAYR die Ansätze der FDM und der FEM [MAYR09]. ESS simulierte das thermo-mechanische Verhalten einer Werkzeugmaschine mithilfe der FEM und nutzte das Modell in vereinfachter Form für eine Korrektur von Verlagerungen in der Betriebsphase [ESS12]. In neueren Arbeiten wird vermehrt der Einsatz von Methoden der Modellordnungsreduktion (MOR) diskutiert, um komplexe FE-Modelle effizient berechnen zu können [BEIT15; GALA16; BREC19a; BENN19; HERN20; VETT22]. Grundlegende Arbeiten zur Beschreibung des thermischen Verhaltens von Spindel-Systemen mithilfe von Knotenpunktmodellen sind in [BOSS97] und [GEBE97] zu finden. Weitere Spindelmodelle, aufgesetzt auf der FEM, werden in [LI04; UHLM12; DU15; LIU17; BREC19a; BREC20; BRED23] vorgestellt. Darüber hinaus können beispielhafte White-Box-Modelle für Werkzeugmaschinen und Baugruppen in [JĘDR07; HU14] gefunden werden.

Die Vorstellung und Auflistung ausgewählter Arbeiten in diesem Abschnitt zeigt, dass die Berechnung des thermo-elastischen Verhaltens von Werkzeugmaschinen und Spindel-Systemen mithilfe von White-Box-Modellen einerseits eine lange Historie aufweist und anderseits weitreichend untersucht ist. Hinzu kommt, dass kommerzielle FE-Programme heutzutage bei den meisten Maschinenherstellern zur Grundausstattung gehören, sodass in der Regel vergleichsweise einfache simulative Studien auch im industriellen Umfeld zum Standard gehören. Für ein valides Maschinenmodell sind insbesondere Teilmodelle zur Beschreibung des Einflusses thermischer Randbedingungen, beispielsweise den elektrischen Verlusten in Linearmotoren oder den Reibungsverlusten in Wälzführungen, erforderlich. Aufgrund der Individualität von Werkzeugmaschinen hinsichtlich des Zusammenspiels entsprechender Wärmequellen, -senken und -übergänge erfordert der Aufbau eines wirkungsvollen Simulationsmodells immer eine detaillierte Betrachtung ebendieser Teilmodelle.

2.4 Maßnahmen zur Reduktion thermo-elastisch induzierter Werkstückfehler

Measures to reduce thermoelastically induced workpiece defects

Die Beeinflussung thermo-elastisch induzierter Werkstückfehler kann auf verschiedene Arten und Weisen erfolgen, wobei zwischen zwei Ansätzen unterschieden wird (Abbildung 2.10). **Korrekturverfahren** (vgl. Kapitel 2.4.1) zielen darauf ab, die Auswirkungen thermo-elastischer Effekte zu beeinflussen. Im Falle direkter Verfahren werden Verlagerungen am TCP messtechnisch erfasst und für eine Anpassung der Bewegungsvorgaben der Vorschubachsen genutzt, sodass der Einfluss auf die Bearbeitungsgenauigkeit am Werkstück minimiert wird. Bei indirekten Verfahren werden in der thermo-energetischen Wirkkette vorgelagerte Größen wie Temperaturen aufgenommen und mithilfe eines entsprechenden Modells in steuerungsseitig aufzuschaltende Korrekturwerte überführt.

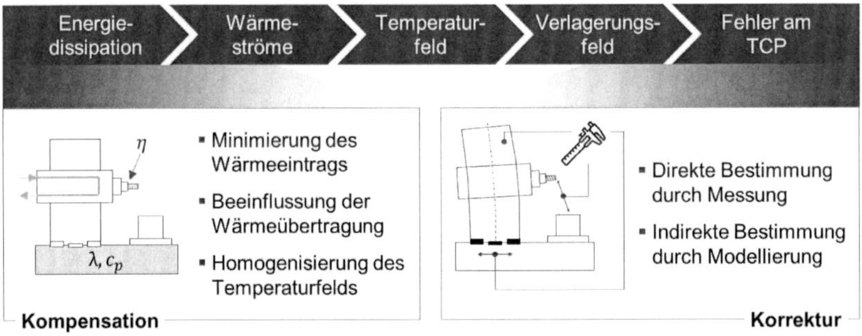

Abbildung 2.10: Kompensatorische und korrigierende Maßnahmen entlang der thermo-energetischen Wirkkette

Compensatory and corrective measures along the thermo-energetic functional chain

Diesem Ansatz gegenüber stehen **Kompensationsverfahren** (vgl. Kapitel 2.4.2), deren Absicht die Beeinflussung von Ursachen anstelle von Auswirkungen ist. Die Kompensation setzt damit in der Regel am Anfang der thermo-energetischen Wirkkette an, indem durch gestalterische Maßnahmen die für die Wärmedehnung verantwortlichen Effekte betrachtet werden.

2.4.1 Korrekturverfahren

Correction methods

Im Rahmen der Korrektur wird den Verlagerungen am TCP über Ausgleichsstellwege der Maschinenachsen entgegengewirkt, sodass die Kenntnis des aktuellen thermo-elastischen Verlagerungszustands am TCP eine Grundvoraussetzung darstellt. Neben einer direkten messtechnischen Erfassung der relevanten Größen (vgl. Messmittel im Bereich *Verlagerungsfeld* und *Fehler am TCP* in Abbildung 2.6) besteht außerdem die Möglichkeit einer indirekten Bestimmung mithilfe eines modellbasierten Ansatzes (vgl. Kapitel 2.3, Abbildung 2.11). Während White-Box-Modelle durch die Abbildung sämtlicher Wirkzusammenhänge auch interessante Zwischengrößen entlang der thermo-energetischen Wirkkette liefern, bilden Black-Box-Modelle lediglich die direkte Abhängigkeit der definierten Eingangs- und Ausgangsgrößen ab. Der historische Einsatz von Black-Box-Modellen im Bereich des thermo-elastischen Verhaltens von Werkzeugmaschinen konzentriert sich deshalb insbesondere auf die Korrektur. Die in Kapitel 2.3.1 vorgestellten Modellierungsansätze münden in der Regel deshalb auch in einem implementierten und validierten Korrekturmodell. Für eine Übersicht gängiger Korrekturmodelle auf Basis von Black-Box-Modellen wird deshalb sowohl auf Kapitel 2.3.1 als auch insbesondere auf den Stand der Technik in [WISS14] verwiesen. Darüber hinaus kommen auch Grey-Box- [BREC13; BREC15; BREC18a] und White-Box-Modelle [DENK09; GROSS14; THIE15] für die Korrektur thermo-elastischer Fehler zum Einsatz.

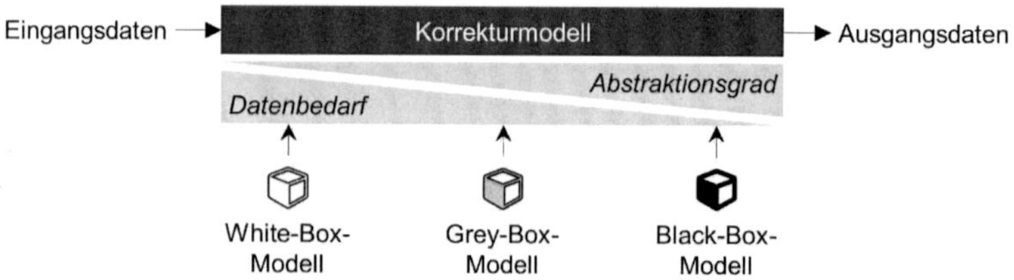

Abbildung 2.11: Modellierungsansätze für Korrekturmodelle, nach [BREC17b]
Modeling approaches for correction models, based on [BREC17b]

2.4.2 Kompensationsverfahren

Compensation methods

Kompensatorische Ansätze zielen im Gegensatz zur Korrektur auf die Beeinflussung insbesondere des thermischen Haushalts ab, indem Wärmeeinträge minimiert, die Wärmeübertragung beeinflusst oder das Temperaturfeld homogenisiert werden. Die drei genannten Optionen fokussieren unterschiedliche Bereiche der thermo-energetischen Wirkkette.

Die **Minimierung der Wärmeeinträge** bildet dabei den Anfang. Prinzipbedingt treten Verluste im Rahmen aller notwendigen Energieumwandlungsprozesse auf. Eine Effizienzsteigerung von Aggregaten wie elektrischen Maschinen hat bei gleichbleibender Nennleistung immer eine Reduktion des Wärmeeintrags zur Folge, aber auch ein optimierter Betrieb unter günstigeren Bedingungen kann sich positiv auswirken. In Werkzeugmaschinen kommen auch heute noch Asynchronmotoren als robuste und kostengünstige Vertreter elektrischer Antriebe zum Einsatz, beispielsweise in der Hauptspindel. Flussbildende Ströme im Rotor wirken sich allerdings negativ auf den Wirkungsgrad aus, sodass entsprechend hohe Wärmeeinträge im Betrieb die Folge sein können. In den zunehmend verwendeten permanenterregten Synchronmaschinen entfallen die Stromwärmeverluste im Rotor, da das erforderliche Magnetfeld durch im Rotor verbaute Permanentmagnete bereitgestellt wird [BERG90]. Ein weiteres Potenzial zur Minimierung des Wärmeeintrags in elektrischen Maschinen bietet der Einsatz von synchronen Reluktanzmotoren [NEUS21]. Im Gegensatz zu magnetisch erregten Motoren ist der Rotor in Reluktanzmotoren weder mit Permanentmagneten noch mit elektrischen Wicklungen ausgestattet, sodass praktisch keine elektrischen Verluste im Rotor auftreten.

Neben unterschiedlichen Motortypen können konstruktive Maßnahmen wie optimierte Oberflächen oder eine verbesserte Motorregelung dazu beitragen, dass die Verlustleistung reduziert wird. Der effektive Wärmeeintrag in die Maschinenstruktur kann im nächsten Schritt verringert werden, indem Wärmequellen möglichst außerhalb der Maschine platziert werden. Während diese Möglichkeit im Falle der zentral sitzenden Hauptspindel praktisch nicht möglich ist, wird von dieser Maßnahme bei Motoren an Linearachsen mit Kugelgewindetrieben häufig Gebrauch gemacht.

Eine weitere Möglichkeit ist die **Beeinflussung der Wärmeübertragung**. Isolationsmaßnahmen können dazu dienen, Wärme am Übergang in Strukturbauteile zu hindern, beispielsweise in Form dünner Isolationsschichten zwischen Spindel und Spindelstock [JĘDR88]. In aktuellen Forschungsarbeiten kommen auf natürlichem Pilzmyzel basierende Platten für die Isolation des Maschinenbetts eines Bearbeitungszentrums zum Einsatz [REIB22].

Das Spektrum von im Werkzeugmaschinenbau verwendeten Werkstoffen ist weit gefächert. Abbildung 2.12 gibt einen Überblick über wichtige thermo-elastische Materialeigenschaften gängiger Werkstoffe. Neben den klassischen Konstruktionswerkstoffen Stahl und Gusseisen kommen weitere Materialien wie Aluminiumlegierungen, Reaktionsharzbeton, Faserverbundwerkstoffe, wie z. B. carbonfaserverstärkter Kunststoff (CFK), und Epoxidharz zum Einsatz. Aufgrund der zum Teil signifikant unterschiedlichen Materialeigenschaften kann durch einen gezielten Einsatz dieser Werkstoffe Einfluss auf das thermische Verhalten genommen werden. Dabei ist allerdings zu beachten, dass innerhalb der genannten Werkstoffgruppen Schwankungen in den Materialeigenschaften auftreten, kenntlich gemacht durch die helleren Balkenbereiche in Abbildung 2.12. Während im Falle von Stahl Legierungselemente Einfluss auf die Materialeigenchaften nehmen, kommen in CFK High Tenacity-Fasern (HT-Fasern) und High Modulus-Fasern (HM-Fasern) mit unterschiedlichem Filamentaufbau zum Einsatz. Der Wärmeausdehnungskoeffizient von Epoxidharz kann durch die Integration mineralischer Füllstoffe signifikant gesenkt werden.

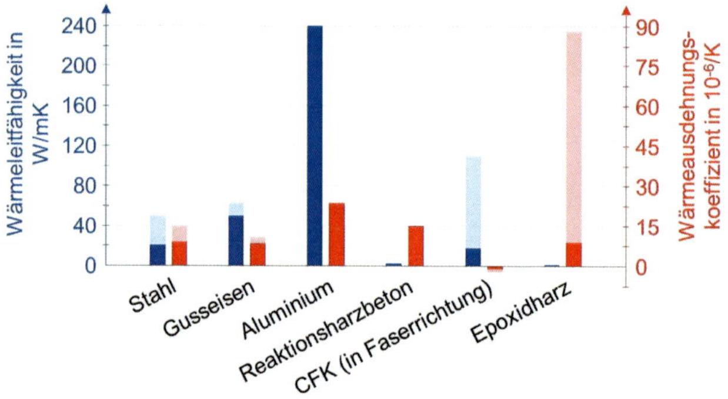

Abbildung 2.12: Materialeigenschaften von Konstruktionswerkstoffen im Werkzeugmaschinenbau, nach [BREC17b]

Material properties of construction materials in machine tools, based on [BREC17b]

Die Verwendung von CFK in Strukturbauteilen von Werkzeugmaschinen ist seit geraumer Zeit Gegenstand von Forschungsarbeiten. Mithilfe von CFK-Wellen kann beispielsweise das dynamische und thermische Verhalten von Motorspindeln zum Teil deutlich verbessert werden [LEE85; BREC07; KONO19]. In [SALJ88] konnte außerdem nachgewiesen werden, dass hybride Strukturbauteile mit Polymerbetonfüllung aufgrund größerer Wärmekapazitäten Gussbauteilen und Stahlhohlstrukturen hinsichtlich des thermo-elastischen Verhaltens deutlich überlegen sind. Neben der Werkstoffauswahl kann eine Verbesserung des thermo-elastischen Verhaltens durch konstruktive Maßnahmen wie die Ausnutzung einer thermo-symmetrischen Bauweise erreicht werden [BREC17b]. Über diesen Ansatz können in der Regel Verlagerungen in nur einer Richtung kompensiert werden. Je nach Anwendungsfall kann dadurch dennoch eine signifikante Verbesserung des Bearbeitungsergebnisses erzielt werden, beispielsweise im Falle von Drehmaschinen [MORI09].

Diesen ungesteuerten Ansätzen gegenüber stehen Konzepte des gesteuerten Wärmeflusses mit dem Ziel der gerichteten Verteilung von Energie im System, also dem Abbau zeitlicher und räumlicher Temperaturgradienten. Zylindrische Module mit besonders hoher Wärmeleitfähigkeit, auch Heatpipe genannt, werden eingesetzt, um einen gerichteten Wärmefluss realisieren zu können [SCHN16]. Diese Module machen sich die Änderung des Aggregatzustands eines im Inneren befindlichen Fluids zunutze. Infolge der Verdampfung und Kondensation an zwei verschiedenen Orten des Moduls wird ein räumlicher Energietransport erreicht, wobei sich die innere Energie des Gesamtsystems nicht ändert. Die Integration von Heatpipes wurde bereits sowohl zum Abführen der Reibwärme in der Spindellagerung [JUDD94] als auch an Kugelgewindetrieben [VOIG19] erfolgreich angewendet. Während durch den Einsatz von Heatpipes Einfluss auf die Wärmeleitung in einem System genommen werden kann, ermöglichen sogenannte Latentwärmespeicher die zeitliche Modifikation der Wärmekapazität. Latentwärmespeicher haben damit eine tiefpassfilternde bzw. dämpfende Wirkung auf das thermische Systemverhalten und haben eine Reduktion von schnellen Temperaturänderungen zur Folge. Zum Einsatz kommen beispielsweise paraffinbasierte Phasenwechselmaterialien, eingebettet in Aluminiumstrukturen. Diese werden wiederum in direkter Nähe zu Wärmequellen wie einem Linearmotor positioniert. Die Anbindung kann über Formgedächtnisaktoren erfolgen, deren leitende Eigenschaften infolge von Gitterumwandlungen temperaturabhängig sind, wodurch eine Schaltfunktion realisiert werden kann. [VOIG17] In [AGGO10] wird neben dem positiven Einfluss dieser multifunktionalen Strukturen auf die thermischen Eigenschaften ebenfalls der Einfluss auf das statische und dynamische Verhalten betrachtet, um die Potenziale von Latentwärmespeichern in Ultrapräzisionsmaschinen ganzheitlich zu beleuchten.

Die **Homogenisierung des Temperaturfelds** bildet den dritten Bereich kompensatorischer Maßnahmen. Dies umfasst sämtliche Ansätze für eine aktive Temperierung, bestehend aus dem Kühlen und Heizen von Werkzeugmaschinen. Ein gezieltes Aufwärmen kann beispielsweise wünschenswert sein, um thermische Warmlaufphasen zu verkürzen. Elektrische Motoren bieten über die Ausnutzung des Skin-Effekts, also eine Stromverdrängung in Leitern bei bewusst hochfrequenter Bestromung, die Chance einer Erzeugung von Verlustleistungen ohne ein Verfahren der Vorschubachsen. Eine weitere Möglichkeit bietet der Einsatz thermoelektrischer Elemente, die auf Grundlage des Peltier-Effekts für eine Wärmedissipation sorgen. Derartige Systeme eignen sich aufgrund der elektrischen Ansteuerbarkeit besonders für eine direkte Regelung des thermischen Strukturverhaltens. [UHLM20; NGO21] Aufgrund des begrenzten Leistungsvermögens können die Systeme aktuell lediglich an kleineren Strukturen eingesetzt werden und ein kommerzieller Einsatz in Werkzeugmaschinen findet aktuell nicht statt.
Weit gängiger ist die Nutzung aktiver Kühlsysteme zur Abfuhr von innerhalb der Maschine anfallender Verlustwärme. In Motorspindeln beispielsweise kommen aktive Kühlsysteme zur Kühlung des Spindelmotors, der Spindellagerung und der Spindelwelle zum Einsatz [DENK20]. Ein Großteil wissenschaftlicher Arbeiten beschäftigt sich mit der Untersuchung effektiver Kühlgeometrien,

wobei insbesondere die Kühlung des Spindelmotors, auch Mantelkühlung genannt, betrachtet wird. Bei einem Vergleich von Mantelkühlungen in helixartiger und paralleler Anordnung mit Umlenkungen an den Enden zeigt sich auf Grundlage numerischer Berechnungen, dass die Einzelhelix bei gängigen Oberflächenrauheiten den höchsten Wärmeübergangskoeffizienten und damit die beste Wärmeabgabe an das Fluid erreicht [WEBE18]. Eine Steigerung der Oberflächenrauheit kann sich ebenfalls in signifikantem Maße positiv auf den Wärmeübergang zwischen Spindelgehäuse und Kühlfluid auswirken. Darüber hinaus birgt eine simulative Parameteroptimierung Potenziale, um für einen Wärmeübergang optimale Dimensionen der Kühlkanäle finden zu können [LI20]. Im Falle einer Schleifmaschine führte eine Geometrieoptimierung der Bettkühlung zu einer signifikanten Steigerung der thermischen Stabilität bei ansonsten gleichen Betriebsbedingungen des Kühlsystems [SHI20]. In weiteren Arbeiten wurde neben der Geometrie der Kühlkanäle auch der Einfluss des Volumenstroms untersucht [CHIE08; WEBE13], wobei sich mit zunehmender Strömungsgeschwindigkeit aufgrund turbulenter Effekte ein Sättigungszustand einstellte, ab dem keine weitere signifikante Steigerung der Wärmeabgabe erreicht werden konnte [CHEN14]. Im Falle der Vorlauftemperatur konnte mithilfe von Simulationsstudien ein optimaler Betriebspunkt gefunden werden, in welchem die Verlagerungen am TCP minimiert werden konnten [LI19]. Darüber hinaus wurde der Einsatz luftgekühlter Systeme unter Ausnutzung des Coandă-Effekts anstelle eines wasserbasierten Kühlfluids diskutiert [DONM07].
Die Analyse von aktiven Kühlsystemen in Werkzeugmaschinen ist in der Regel gekoppelt mit dem Einsatz von Simulationswerkzeugen [WEGE17]. Während das Kühlmedium häufig über eine Computational Fluid Dynamics-Simulation (CFD) auf Basis der FEM abgebildet wird, findet eine Anbindung dieser Fluidsimulation an eine thermisch-transiente Thermik-Simulation zur Abbildung des thermischen Feldes innerhalb der Maschinenstruktur statt.
Anstelle eines Stellbetriebs, in welchem definierte Kühlparameter vorgegeben und von der Kühleinheit bestmöglich umgesetzt werden, bietet eine Reglung erhebliche Potenziale, um mithilfe eines bedarfsgerechten Einsatzes den Betrieb hinsichtlich Arbeitsgenauigkeit und Energieverbrauch zu optimieren. Eine adaptive Beeinflussung fluidbasierter Kühlsysteme kann im einfachsten Fall über eine An-Aus-Zweipunktregelung geschehen, wobei das Kühlaggregat phasenweise in einem effizienteren Betriebsfenster arbeitet. Bei einem akzeptablen Anstieg der Verlagerungen am TCP einer Spindel konnten dadurch Energieeinsparungen von bis zu 25 % erreicht werden [MORI19]. In einer weiteren Arbeit wurde eine Strategie zur Kompensation thermo-elastischer Fehler eines Spindelkastens auf Grundlage einer Reglung des Kühlsystems vorgestellt. Dazu wurde ein mathematisches Modell, das eine Korrelation zwischen der Differenz aus Vor- und Rücklauftemperatur und der TCP-Verlagerung wiedergibt, in Versuchen parametriert. Durch die Einbettung des Modells in einen Regelkreis konnte der Fehler am Spindelkasten auf 2 % des maximalen thermo-elastischen Fehlers reduziert werden. [HORN09] In [HAAS78] wurde ein Spindelkasten eines Bohrwerks über eine Ölkühlung aktiv temperiert. Dabei fand eine Regelung der Strukturtemperatur statt, wobei die Vorlauftemperatur der Ölkühlung als Stellgröße fungierte. Ein ähnlicher Ansatz wurde in [SHI19] verfolgt. Ein PID-Regler wurde genutzt, um eine

aktive Innenkühlung der Spindel eines Kugelgewindetriebs bedarfsgerecht anpassen zu können. Im Rahmen einer simulativen Studie in [REGE18] wurden verschiedene Kühlstrategien für ein Maschinenbett miteinander verglichen. Dabei wurden sowohl die Strukturtemperatur als auch der Energieverbrauch des Kühlsystems als Regelgrößen berücksichtigt.
In kommerziellen Werkzeugmaschinen findet aktuell keine aktive Reglung des thermischen Maschinenverhaltens über aktive Kühlsysteme statt. Ein System von Kühlkanälen wird in der Regel über eine Zentralpumpe versorgt. Die Volumenströme in den einzelnen Kanälen stellen sich dann als Folge der Widerstandsverhältnisse ein. Die Arbeitsweise von Kühlsystemen in Werkzeugmaschinen ist damit vollständig entkoppelt von der tatsächlich während der Nutzung eingebrachten Wärme.

Ein breites Spektrum korrigierender und kompensierender Maßnahmen zielt auf die Reduktion thermo-elastisch induzierter Verlagerungen ab. Die verschiedenen Ansätze unterscheiden sich zum Teil deutlich hinsichtlich der erreichbaren Genauigkeit, dem dafür notwendigen finanziellen Aufwand, der Komplexität und der Flexibilität bezogen auf variabel wirkende thermische Randbedingungen. Eine ganzheitliche Bewertung der unterschiedlichen Ansätze entlang dieser Bewertungskriterien ist aufgrund der Eigenheiten, die jeder einzelne mögliche Anwendungsfall einer Werkzeugmaschine mit sich bringt, allerdings praktisch nicht möglich.

2.5 Bewertung des Forschungsbedarfs

Evaluation of the research needs

Trotz erheblicher Anstrengungen in Wissenschaft und Forschung stellen thermo-elastische Effekte in Werkzeugmaschinen Anwender im 21. Jahrhundert weiterhin vor große Probleme. Die grundlegenden Zusammenhänge sind weitestgehend erforscht und können darüber hinaus modelltechnisch abgebildet werden. Auf Basis dieses Grundlagenwissens wurde eine Vielzahl an Maßnahmen zur Verbesserung des thermo-elastischen Verhaltens von Werkzeugmaschinen abgeleitet. Teilweise haben diese Ansätze bereit Einzug in kommerzielle Applikationen gefunden. Der Querschnit durch das Spektrum bereits entwickelter korrigierender und kompensierender Maßnahmen verdeutlicht die Fülle an bereits erforschten Konzepten, wobei häufig spezifische Anwendungsfälle untersucht wurden. Die Generalisierbarkeit entwickelter Lösungen ist selten Bestandteil der Forschungsarbeiten.

Moderne Werkzeugmaschinen vereinen häufig sowohl Korrektur- als auch Kompensationslösungen. Während die verwendeten Korrekturmodelle in Relation zum aktuellen Stand der Forschung vergleichsweise einfach aufgebaut sind und sich in den vergangenen Jahrzehnten wenig verändert haben, werden aktive Kühlsysteme als Vertreter kompensatorischer Ansätze unter konstanten Kühlparametern betrieben. Darüber hinaus sind die jeweiligen applizierten Maßnahmen nicht aufeinander abgestimmt, sodass insbesondere im industriellen Umfeld erhebliche Optimierungspotenziale nicht genutzt werden.

Insbesondere eine Optimierung der aktiven Kühlsysteme bietet das Potenzial, durch eine adaptive Gestaltung des Betriebs zeitlich und örtlich bedarfsgerecht Wirkung zu entfalten. Bei gleichbleibendem oder sogar reduziertem Energieverbrauch besteht die Chance, Warmlaufphasen zu verkürzen und die thermische Stabilität in der Betriebsphase signifikant zu verbessern. Forschungsarbeiten, die sich mit einer intelligenten Gestaltung der aktiven Temperierung befassen, nutzen allerdings vergleichsweise einfache Steuerungs- oder Regelungsansätze. Die Folge ist, dass für die notwendige Adaptivität aktiver Kühlsysteme in Werkzeugmaschinen ein methodisches, grundlagenorientiertes Vorgehen zu entwickeln ist, das konzeptionell so zu gestalten ist, dass ein Übertrag auf möglichst viele industrielle Anwendungsfälle ermöglicht wird.

3 Zielsetzung, methodischer Ansatz und Demonstrationsobjekt

Objective, methodological approach and demonstration object

3.1 Zielsetzung

Objective

Die Zielsetzung der vorliegenden Arbeit ist die Entwicklung einer modellprädiktiven Regelung für die aktiven Kühlsysteme von Werkzeugmaschinen zur Kompensation thermo-elastischer Verlagerungen. Die Arbeit adressiert damit den im Stand der Technik aufgezeigten Forschungsbedarf zur Schaffung am tatsächlichen Bedarf ausgerichteter Kühlstrategien. Der Arbeit liegen die nachfolgend aufgestellten Forschungshypothesen zugrunde, wobei deren wissenschaftliche Prüfung die Schaffung eines methodischen Rahmens wie auch die Herstellung empirischer Evidenz erfordert.

Forschungshypothese 1

Durch die Regelung des thermischen Haushalts einer Werkzeugmaschine können thermo-elastische Verlagerungen am TCP reduziert werden.

Forschungshypothese 2

Die Vorlauftemperaturen individuell ansteuerbarer Kühlkreisläufe sind geeignete Stellgrößen zur Beeinflussung des thermischen Haushalts.

Forschungshypothese 3

Die Regelung des thermischen Haushalts über das Stellen der Vorlauftemperaturen erfordert aufgrund großer Zeitkonstanten eine modellbasierte Zukunftsprognose.

Forschungshypothese 4

Über komplexe White-Box-Simulationsmodelle trainierte Black-Box-Ersatzmodelle (engl. *Surrogate Model*) eigenen sich zur prozessparallelen Prognose des thermischen Haushalts von Werkzeugmaschinen.

3.2 Methodischer Ansatz

Methodological approach

Der methodische Ansatz zur Prüfung der Forschungshypothesen bildet den inhaltlichen Rahmen der Arbeit, wobei dem Bottom-up-Prinzip folgend in umgekehrter Reihenfolge vorangeschritten wird. Nach Abbildung 3.1 widmet sich Kapitel 4 zunächst der Entwicklung einer thermischen

Simulationsumgebung, mit welcher transiente Temperaturfelder für beliebige Betriebs- und Randbedingungen berechnet werden können. In Kapitel 5 wird ein Ansatz zum Aufbau eines prozessbegleitenden Ersatzmodells, eines sog. Surrogate Model, vorgestellt. Beim Einsatz von Methoden der künstlichen Intelligenz (KI) dient eine hauptsächlich simulativ bereitgestellte Datenbasis aus Kapitel 4 als Grundlage. In Kapitel 6 findet die Einbettung ebendieses Ersatzmodells in eine modellbasierte Regelungsarchitektur für aktive Kühlsysteme von Werkzeugmaschinen statt.

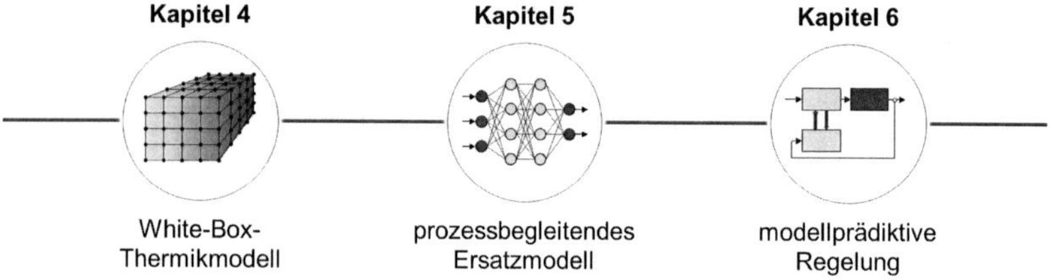

Abbildung 3.1: Gliederung und Struktur der methodischen Kapitel der Arbeit
Outline and structure of the methodical chapters of the work

Die Vorstellung des methodischen Ansatzes geschieht somit entlang der Kapitel 4, 5 und 6, wobei eine laufende Validierung von Teilbereichen dieses Ansatzes stattfindet. Da das zugrundeliegende Demonstrationsobjekt in allen drei Inhaltskapiteln aufgegriffen wird, erfolgt bereits an dieser Stelle eine kurze Vorstellung.

3.3 Demonstrationsobjekt

Demonstration object

Als Demonstrationsobjekt dient ein 5-Achs-Bearbeitungszentrum des Typs *DMU 40 eVo linear* der Fa. DMG MORI Aktiengesellschaft aus dem Jahr 2010. Eine Besonderheit der Maschine sind die Linearmotoren in der X- und Y-Achse, während die vertikal angeordnete Z-Achse über einen Kugelgewindetrieb (KGT) verfügt. Darüber hinaus zeichnet sich die Maschine durch umfangreiche Kühlstrukturen aus: Neben den elektrischen Maschinen werden auch Strukturbauteile aktiv temperiert. Die durch den Hersteller eingebrachten Kühlstrukturen bedurften keiner weiteren Anpassung zur Umsetzung einer räumlich bedarfsgerechten Kühlung der Maschine.
Für thermo-elastisch induzierte Fehler am bearbeiteten Werkstück ist das Zusammenspiel einer Vielzahl interner und externer Größen ursächlich, wie Abbildung 2.4 in Kapitel 2 zeigt. Eine vollständige Berücksichtigung aller relevanten Effekte erfordert ein holistisches Systemverständnis. Insbesondere der nur schwer beschreib- und modellierbare Einfluss von Kühlschmierstoff oder die Simulation thermo-mechanischer Wechselwirkungen in wälzgelagerten Hauptspindelsys-

temen bilden eigenständige Forschungsbereiche, die sich losgelöst von der Gesamtmaschine der wissenschaftlichen Aufarbeitung dieser relevanten Einflussfaktoren widmen. Da im Zentrum der vorliegenden Arbeit die Entwicklung einer Regelungsstrategie für die aktiven Kühlsysteme einer Werkzeugmaschine steht, wird eine gezielte Komplexitätsreduktion vorgenommen, indem nur ungenau oder nur mit sehr hohem Aufwand abbildbare Funktionen der Maschine unberücksichtigt bleiben. Der durch die Prüfung der Forschungshypothesen zu schaffende wissenschaftliche Mehrwert wird durch den methodischen Charakter der Arbeit nicht gemindert. Im Kontext der Komplexitätsreduktion wird der 45°-Dreh-Schwenk-Tisch der Maschine nicht betrachtet. Dass die Reduktion auf eine 3-Achs-Maschine zulässig ist, wurde durch die Messung der elektrischen Leistungsaufnahme als oberer Schranke des Wärmeeintrags im geregelten Zustand der Dreh- und Schwenkachse überprüft. Infolgedessen wurde das in Abbildung 3.2 dargestellte vereinfachte CAD-Modell der Maschine um den Dreh-Schwenk-Tisch bereinigt und bildet in dieser Form die Grundlage für das White-Box-Simulationsmodell in Kapitel 4. Auch die Hauptspindel wird ausgeklammert, indem weder ein Fräsprozess noch eine Rotation der Hauptspindel überhaupt Bestandteil des Untersuchungsrahmens sind. In Abbildung 3.2 sind die vier verbleibenden Strukturbauteile des betrachteten Bereichs der Werkzeugmaschine benannt.

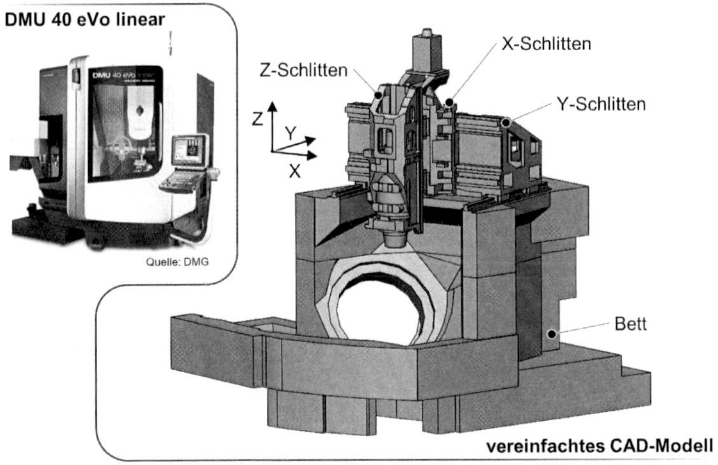

Abbildung 3.2: Darstellung der Demonstratormaschine DMU 40 eVo linear
Illustration of the demonstrator machine DMU 40 eVo linear

Die Erfassung der thermo-elastisch induzierten TCP-Verlagerung geschieht über den ETVE-Test (vgl. Kapitel 2.2 und Abbildung 3.3, links). Der in ein Schrumpffutter eingebrachte Stab aus Invar

(Werkstoff-Nr.: 1.3912) wird dazu in ein auf dem Maschinentisch positioniertes Messnest mit insgesamt fünf induktiven Wegaufnehmern bewegt. Abgesehen vom rotatorischen Freiheitsgrad der Spindel können über den Aufbau Maschinenfehler in allen sonstigen fünf Freiheitsgraden messtechnisch erfasst werden.

Darüber hinaus wurden insgesamt 22 Temperatursensoren über die Struktur verteilt angebracht. Die in 4-Leiter-Technik ausgeführten Pt100-Sensoren wurden in oberflächennahen Bohrung platziert und mit thermisch leitfähigem Zweikomponentenkleber fixiert (vgl. Abbildung 3.3, rechts). Durch die Anreicherung des Epoxidgrundmaterials mit kristallinem Bornitridpulver kann die Wärmeleitfähigkeit λ des Klebstoffs entsprechend den Herstellerangaben mit 0,8 W/mK nach unten abgeschätzt werden. Der durch die Klebstoffschicht hervorgerufene Messfehler kann über den Temperaturgradienten angenähert werden, der infolge von Wärmeleitung über der Klebstoffschicht mit der Dicke δ von 0,15 mm entsteht. Im Rechenbeispiel in Formel 3.1 wird angenommen, dass die über Konvektion abgegebene Wärmestromdichte gleich der oberflächennahen, durch Wärmeleitung hervorgerufenen Wärmestromdichte ist. Für den Wärmeübergangskoeffizienten α und die Temperaturdifferenz $T_{Wand} - T_\infty$ zur Umgebung werden Annahmen von 50 W/m^{2}K und 10 K getroffen.

$$\Delta T = T_{Wand} - T_{Sensor} = \frac{\delta}{\lambda} \cdot \alpha \cdot (T_{Wand} - T_\infty) = 0{,}094\,K \tag{3.1}$$

Der durch die Sensoranbringungen hervorgerufene Messfehler liegt somit unterhalb von 0,1 K. Im weiteren Verlauf der Arbeit dienen die mittleren Temperaturen T_X, T_Y, T_Z und T_{Bett} der in Abbildung 3.2 dargestellten Strukturbauteile als Validierungs- und Regelgrößen. Nach Tabelle 3.1 wird dazu das arithmetische Mittel über alle auf dem jeweiligen Strukturbauteil platzierten Sensorwerte ermittelt.

Tabelle 3.1: Mittlere Strukturtemperaturen als Validierungs- und Regelgrößen
Mean structural temperatures as validation and control variables

Strukturbauteil	Temperatursensoren	Mitteltemperatur
X-Schlitten	$T_6, T_7, T_8, T_9, T_{10}, T_{11}, T_{12}$	$T_X = \frac{1}{7} \cdot \sum_{i=6}^{12} T_i$
Y-Schlitten	$T_{13}, T_{14}, T_{15}, T_{16}, T_{17}, T_{18}, T_{19}$	$T_Y = \frac{1}{7} \cdot \sum_{i=13}^{19} T_i$
Z-Schlitten	T_1, T_2, T_3, T_4, T_5	$T_Z = \frac{1}{5} \cdot \sum_{i=1}^{5} T_i$
Bett	T_{20}, T_{21}, T_{22}	$T_{Bett} = \frac{1}{3} \cdot \sum_{i=20}^{22} T_i$

Die beschriebenen Messaufbauten können Abbildung 3.3 entnommen werden.

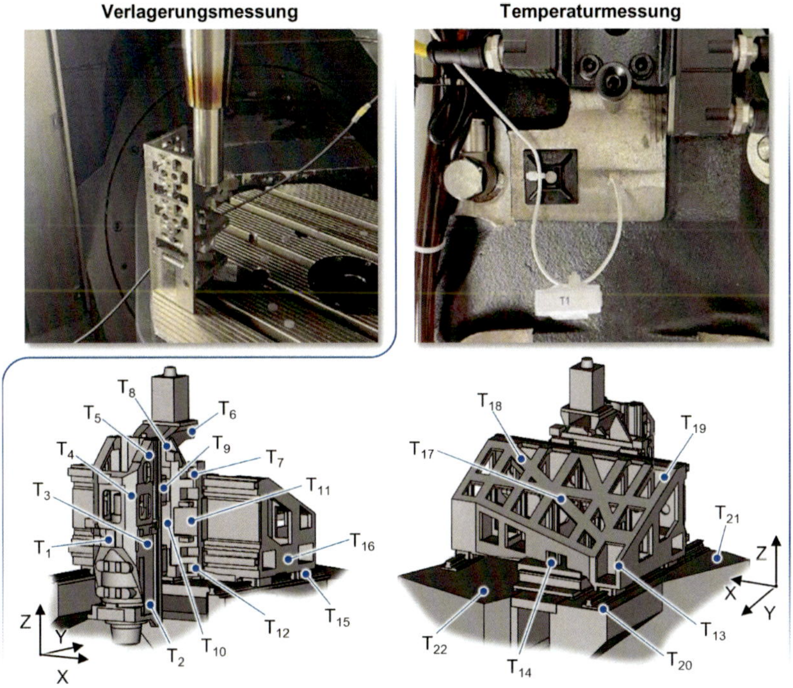

Abbildung 3.3: Sensorik zur Erfassung des thermo-elastischen Maschinenverhaltens

Sensors for measuring the thermoelastic machine behavior

4 Modellierung des thermischen Verhaltens

Modeling of the thermal behavior

Der inhaltlicher Schwerpunkt von Kapitel 4 liegt in der Entwicklung einer Simulationsumgebung, die vier zentralen Anforderungen gerecht zu werden hat:

Flexibilität	Rechenzeit	Genauigkeit	Generalisierbarkeit
Abbildung eines breiten Spektrums an Betriebsbedingungen	Bereitstellung großer Datensätze in kurzer Zeit	Realitätsnahe Bestimmung des Maschinenverhaltens	Übertragbarkeit auf verschiedene Anwendungsfälle

Mathematische Methoden der MOR vermögen es durch eine effiziente Beschreibung von Strukturbauteilen, die Flexibilität eines FE-basierten Simulationsmodells mit der Anforderung an kurze Rechenzeiten zu kombinieren. Eine hohe Genauigkeit des simulativ ermittelten Maschinenverhaltens kann nur über eine präzise Abbildung thermischer Randbedingungen (RB) erfolgen, wofür entsprechend detaillierte Teilmodelle, beispielsweise für Reibungsverluste in Maschinenkomponenten, vorzusehen sind. Zuletzt kann die Generalisierbarkeit des validierten Modells nur sichergestellt werden, wenn der gesamte Modellierungsprozess methodisch betrachtet wird und eine Validierung stattfindet. Die Unterkapitel in Kapitel 4 widmen sich dementsprechend schrittweise diesen Aspekten (vgl. Abbildung 4.1).

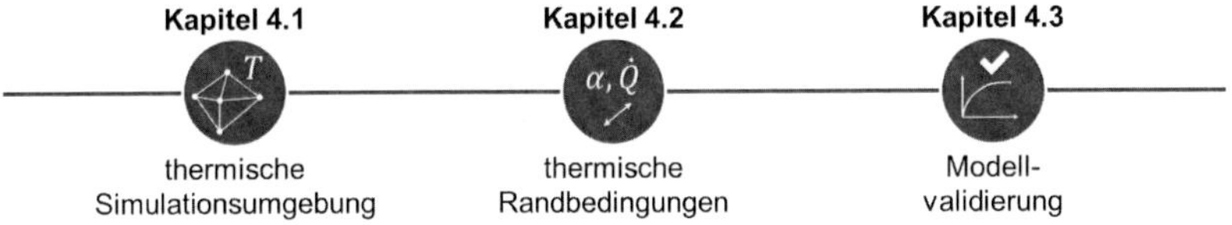

Abbildung 4.1: Unterkapitel von Kapitel 4 und deren Inhalte
Subchapters of chapter 4 and their contents

Da kommerzielle FE-Programme trotz vorgesehener Programmierschnittstellen die Nutzung eigenständig entwickelter MOR-Methoden oder komplexer Teilmodelle nur bedingt ermöglichen, wird eine Simulationsumgebung mit eigenem FE-Berechnungskern und individuellen Funktionsbausteinen für die thermischen Randbedingungen in der Programmierumgebung MATLAB umgesetzt. Die im Folgenden vorgestellten Ergebnisse sind beliebig erweiterbar, beispielsweise um den Dreh-Schwenk-Tisch oder die Hauptspindel.

4.1 Aufbau der thermischen Simulationsumgebung

Structure of the thermal simulation environment

4.1.1 Modellierung von Strukturbauteilen

Modeling of structural components

Entlang der thermo-energetischen Wirkkette (vgl. Abbildung 2.1) werden insbesondere die Bereiche *Temperaturfeld* und *Verlagerungsfeld* wesentlich durch die geometrische Beschaffenheit und die Werkstoffeigenschaften der Strukturbauteile von Werkzeugmaschinen beeinflusst. Während die Differentialgleichung in Formel 2.4 durch die Berücksichtigung der Wärmekapazität c und der Wärmeleitfähigkeit λ dem Werkstoffeinfluss gerecht wird, ist insbesondere die Berücksichtigung komplexer Geometrien über diesen analytischen Beschreibungsansatz schwierig. Für die Berechnung transienter Temperatur-Probleme an geometrisch nicht-trivialen Körpern werden anstelle exakter Lösungsverfahren deshalb numerische Verfahren verwendet. Entsprechend dem Ansatz der FEM geschieht die Modellierung von Strukturbauteilen durch eine räumliche Diskretisierung in Knoten und Elementen und anschließende linearisierte Beschreibung der so definierten Teilgebiete in Matrixform.
Der Modellierungsprozess für Strukturbauteile als wesentlicher Bestandteil des Preprocessing kann dabei in folgende Teilschritte zerlegt werden:

1) Vereinfachung der Geometrie
2) Vernetzen der Strukturbauteile
3) Zuweisung der Materialeigenschaften
4) Generierung und Export der Systemmatrizen

Für die **Vereinfachung der Geometrie** wird ein kommerzielles Konstruktionsprogramm, in diesem Fall die Software SOLIDWORKS, verwendet. Im Rahmen der Vereinfachung wird das Gesamtmaschinenmodell auf relevante Strukturbauteile reduziert, wobei Maschinenkomponenten und sonstige Elemente nicht als strukturelle Bauteile abgebildet werden. Die Folge ist, dass das Maschinenmodell im Anschluss nur noch aus Strukturbauteilen besteht, zwischen denen vom reinen Festkörperkontakt abweichende Kontaktbedingungen, beispielsweise aufgrund einer relativen Bewegung zueinander, zu definieren sind. An den Strukturbauteilen selbst werden geometrische Singularitäten, die beim späteren Vernetzen eine signifikante Netzverfeinerung provozieren würden, beseitigt. Beispiele dafür sind Fasen, Bohrungen oder besonders kleine geometrische Merkmale. Da die Tischbaugruppe im Rahmen der Arbeit nicht berücksichtigt wird, verbleiben sechs Strukturbauteile (vgl. Abbildung 4.2), wobei die Hauptspindel als Bestandteil des Z-Schlittens und die KGT-Spindel als Bestandteil des X-Schlittens angesehen werden.

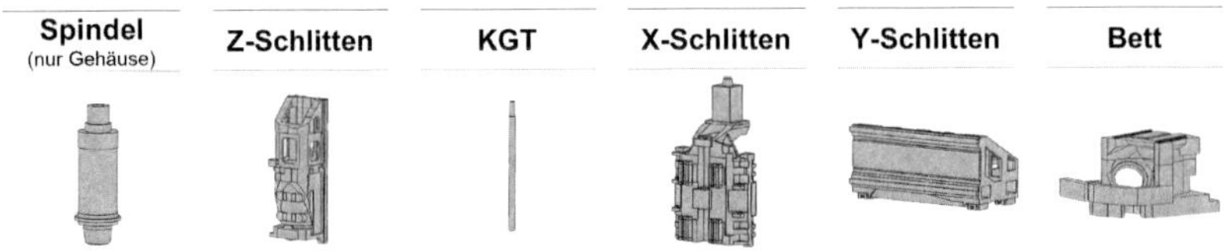

Abbildung 4.2: Strukturbauteile der Gesamtmaschine (Größen unterschiedlich skaliert)
Structural components of the complete machine (Sizes scaled differently)

Das **Vernetzen der Strukturbauteile** wie auch die folgenden beiden Schritte finden in der kommerziellen FE-Software ANSYS WORKBENCH statt. Die Diskretisierung der Geometrien geschieht mithilfe von linearen Tetraeder-Elementen, wodurch sich für die Maschine eine Knotenzahl bzw. Anzahl an Freiheitsgraden von 82.276 ergibt. Da die in Abbildung 4.2 dargestellten Strukturbauteile individuell vernetzt werden, ergeben sich sechs voneinander unabhängige, nicht konsistente Netze.

Im Zuge der **Zuweisung der Materialeigenschaften** werden neben der Dichte ρ die spezifische Wärmekapazität c und die Wärmeleitfähigkeit λ berücksichtigt. Alle relevanten Werkstoffinformationen wurden durch den Maschinenhersteller lückenlos zur Verfügung gestellt.

Die **Generierung und der Export der Systemmatrizen** wird in ANSYS WORKBENCH über die Ausführung sogenannter APDL-Skripte realisiert (APDL: Ansys Parametric Design Language). Im Rahmen von statischen und transienten Analysen werden die entsprechenden dünnbesetzten Matrizen erstellt und im Harwell-Boeing-Format abgespeichert. Wie bei den meisten modernen FE-Programmen wird dabei das Prinzip der virtuellen Arbeit (PdvA) genutzt. Das PdvA besagt, dass bei einem Körper, der sich im Gleichgewicht befindet, die Änderung der gesamten inneren virtuellen Arbeit gleich der Änderung der gesamten äußeren virtuellen Arbeit sein muss. Aus dieser Forderung lässt sich Formel 4.1 für das Gesamtpotenzial π aufstellen, das sich aus der Summe des inneren (Index I) und des äußeren Potenzials (Index A) ausdrücken lässt. Das innere Potenzial ist wiederum die Summe der Einzelpotenziale, aufkumuliert über alle Elemente (Index e), während das äußere Gesamtpotenzial über Knoten (Index k) aufgeprägt wird. [GROT09]

$$\pi = \sum_e \pi_{I,e} + \pi_{A,k} \tag{4.1}$$

Die Beschreibung des inneren Potenzials der Einzelvolumina kann dabei in integraler Schreibweise nach Formel 4.2 erfolgen, wobei $\{T\}$ der Vektor der Knotentemperaturen und $\{\dot{q}\}$ der Vektor der Wärmestromdichten ist.

$$\pi_{I,e} = \frac{1}{2} \cdot \int_V grad(\{T\})^T \{\dot{q}\} dV \tag{4.2}$$

Der Vektor der Temperaturgradienten lässt sich in Matrixschreibweise ausdrücken. Die Matrix $[B]$ in Formel 4.3 wird auch als Gradientenmatrix bezeichnet, da sie durch Multiplikation mit dem Temperaturvektor $\{T\}$ die linearisierten räumlichen Gradienten erzeugt und damit die räumliche Gestalt des betrachteten Körpers berücksichtigt.

$$grad(\{T\}) = [B] \cdot \{T\} \Rightarrow grad(\{T\})^T = \{T\}^T \cdot [B]^T \tag{4.3}$$

Dieser Formulierung folgend kann der Vektor der Wärmestromdichten $\{\dot{q}\}$ ebenfalls in Abhängigkeit des Temperaturvektors über das Fouriersche Gesetz (vgl. Formel 2.3) in Matrixschreibweise formuliert werden, wie Formel 4.4 zeigt. Die Matrix $[D]$ enthält dazu die elementabhängigen Wärmeleiteigenschaften und wird deshalb als Werkstoffmatrix bezeichnet.

$$\{\dot{q}\} = -[D] \cdot [B] \cdot \{T\} \tag{4.4}$$

Das äußere Potenzial wiederum lässt sich als Produkt der Knotentemperaturen $\{T\}$ mit den extern zu- oder abgeführten Wärmeströmen $\{Q\}$ ausdrücken, wozu der Temperaturvektor entsprechend zu transponieren ist (vgl. Formel 4.5).

$$\pi_{A,k} = \{T\}^T \cdot \{\dot{Q}\} \tag{4.5}$$

Durch Einsetzen folgt für das Gesamtpotenzial der Ausdruck in Formel 4.6.

$$\pi = -\frac{1}{2} \cdot \left(\sum_e \{T\}^T \cdot \int_V [B]^T \cdot [D] \cdot [B] dV \cdot \{T\} \right) + \{T\}^T \cdot \{\dot{Q}\} \tag{4.6}$$

Gemäß dem PdvA kann die Forderung in Formel 4.7 aufgestellt werden, dass die Ableitung des Potenzials in Formel 4.6 nach der Zielgröße, der zu bestimmenden Knotentemperaturen $\{T\}$, null zu sein hat, wie Formel 4.7 zeigt.

$$\frac{\partial \pi}{\partial \{T\}} = 0 \tag{4.7}$$

Durch Ableitung von Formel 4.6 folgt der Ausdruck in Formel 4.8.

$$0 = -\underbrace{\left(\sum_e \int_V [B]^T \cdot [D] \cdot [B] dV \right)}_{[K_\lambda]} \cdot \{T\} + \{\dot{Q}\} \tag{4.8}$$

Wird der Term in der Klammer als Matrix $[K_\lambda]$, auch Wärmeleitmatrix genannt, zusammengefasst, so folgt die lineare Berechnungsvorschrift zur Ermittlung des Temperaturvektors $\{T\}$ für einen statischen Gleichwichtszustands in Matrixschreibweise (vgl. Formel 4.9).

$$[K_\lambda] \cdot \{T\} = \{\dot{Q}\} \tag{4.9}$$

Eine Erweiterung dieser Formulierung des statischen Gleichgewichts um einen transienten Term kann in Anlehnung an Formel 2.4 erfolgen, wofür die Wärmekapazitätsmatrix $[C]$ und die zeitliche Ableitung der Knotentemperatur $\{\dot{T}\}$ einzuführen sind, wie Formel 4.10 verdeutlicht.

$$[C] \cdot \{\dot{T}\} + [K_\lambda] \cdot \{T\} = \{\dot{Q}\} \tag{4.10}$$

Zuletzt ergeben sich die extern aufgebrachten Wärmeströme häufig aus flächenbezogenen Wärmestromdichten, also Neumann-Randbedingungen (NRB), oder konvektiv hervorgerufenen, ebenfalls flächenbezogenen Wärmeströmen, also Robin-Randbedingungen (RRB). Für die Abbildung beider Arten von Randbedingungen sind Matrizen notwendig, die die Zuweisung der jeweiligen Randbedingung auf die Knoten des Gesamtsystems vornehmen. Dies kann analog zur Wärmeleitmatrix $[K_\lambda]$ (vgl. Formel 4.8) erfolgen, wozu die Interpolationsmatrix $[N]$ heranzuziehen ist. Diese enthält die geometrischen Elementinformationen und erlaubt es somit, mittels Vektorprodukt relative Flächenlasten auf eine beliebige Oberflächenstelle zu projizieren. Durch das Anwenden eines Oberflächenintegrals ergeben sich absolute Wärmeeinträge für die Knoten (vgl. Formel 4.11). [BATH02] Die Matrix $[H]$ vermag es somit, eine Wärmestromdichte (in W/m^2) in knotenweise applizierbare Wärmeströme (in W) zu überführen.

$$[H] = \sum_e \int_A [N]^T dA \tag{4.11}$$

Nimmt man an, dass die Flächenlast $\{\dot{q}\}$ unabhängig von der Fläche selbst ist, sondern stattdessen homogen gleichverteilt wirkt, dann ergibt sich der Gesamtvektor der Knotenlasten $\{\dot{Q}\}$ somit aus der Summe der Vektoren aller Randbedingungen, die sich wiederum in NRB und RRB unterteilen lassen, wie Formel 4.12 illustriert.

$$\{\dot{Q}\} = \sum_{i=1}^{n_{NRB}} \left([H_{NRB}]_i \cdot \{\dot{q}\}_i\right) + \sum_{j=1}^{n_{RRB}} \left(\alpha_j \cdot [H_{RRB}]_j \cdot \left(\{T_\infty\}_j - \{T\}\right)\right) \tag{4.12}$$

Die Systemmatrizen $[K_\lambda]$, $[C]$ und $[H]$ sind symmetrische Matrizen der Dimension $k \times k$ (k: Anzahl der Knoten). Für die NRB wird eine Vereinfachung eingeführt, indem je NRB eine Multiplikation der zugehörigen Matrix $[H_{NRB}]_i$ mit einem Vektor, welcher 1-Einträge an allen Knotenpositionen der Randbedingunen aufweist, stattfindet. Die so gewonnenen Vektoren $\{H_{NRB}\}_i$ bilden dann zusammengesetzt eine neue Matrix $[H_{NRB}]_{ges}$ der Dimension $k \times n_{NRB}$. Der Vektor $\{\dot{q}\}$ enthält für jeden der n_{NRB} NRB einen skalaren Eintrag und weist somit die Größe $n_{NRB} \times 1$ statt $k \times 1$ auf. Das Vorgehen wird in Formel 4.13 verdeutlicht.

$$\{\dot{Q}_{NRB}\} = \left[\{H_{NRB}\}_1 \quad \{H_{NRB}\}_2 \quad ... \quad \{H_{NRB}\}_{n_{NRB}}\right] \cdot \begin{Bmatrix} \dot{q}_1 \\ \dot{q}_2 \\ ... \\ \dot{q}_{n_{NRB}} \end{Bmatrix} = [H_{NRB}]_{ges} \cdot \{\dot{q}\} \quad (4.13)$$

ANSYS WORKBENCH sortiert die Knotennummern bei der Erstellung der Matrizen derart um, dass die Matrixeinträge möglichst nah entlang der Hauptdiagonalen konzentriert werden. Die Gleichungsnummer entspricht deshalb nicht zwangsläufig der Knotennummer. Im Falle der Wärmekapazitätsmatrix wird auf eine Matrix in konzentrierter Form (engl. *lumped matrix*) zurückgegriffen, indem die Wärmekapazitäten der einzelnen Elemente in den Knoten zusammengefasst werden. Abbildung 4.3 beinhaltet beide symmetrischen Matrizen beispielhaft für den Y-Schlitten. Das Netz des Y-Schlittens weist insgesamt 31.928 Knoten bzw. Freiheitsgrade auf.

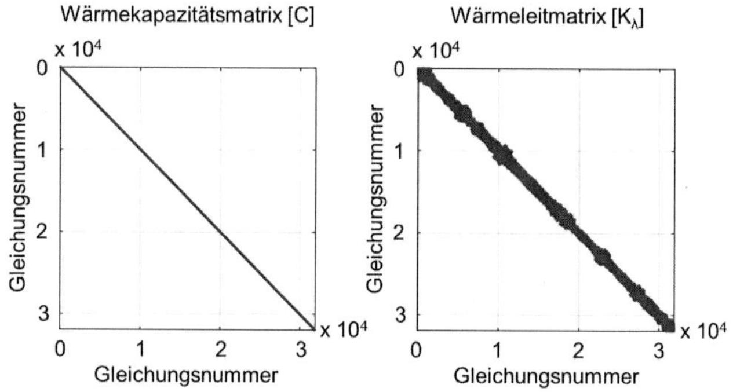

Abbildung 4.3: Systemmatrizen des Strukturbauteils Y-Schlitten

System matrices of the structural part Y slide

4.1.2 Struktur des Finite-Elemente-Solvers

Structure of the finite element solver

Die Berechnung thermisch transienter Vorgänge in Werkzeugmaschinen geht einher mit dem kontinuierlichen Lösen eines linearen Gleichungssystems je Zeitschritt auf der einen Seite und dem laufenden Erneuern der zeitlich variablen thermischen Randbedingungen angepasst an den Maschinenbetrieb auf der anderen Seite.

Im Rahmen des Aufbaus des MATLAB-basierten FE-Solvers findet allerdings zunächst eine Einbindung der konvektiven RRB in die Systemmatrizen statt. Dazu werden die einzelnen a priori berechneten Wärmeübergangskoeffizienten α_j im ersten Schritt in die jeweiligen RRB-Matrizen eingebaut, sodass nach Formel 4.14 eine konvektive Wärmeleitmatrix $[K_\alpha]$ entsteht.

$$[K_\alpha] = \sum_{j=1}^{n_{RRB}} \alpha_j \cdot [H_{RRB}]_j \tag{4.14}$$

Da im Rahmen der Arbeit sowohl natürliche Konvektion an die Umgebungluft als auch Kühlsysteme über RRB abgebildet werden, berücksichtigen die Temperaturen $\{T_\infty\}_j$ sowohl die Umgebungstemperatur als auch die Fluidtemperatur des Kühlmediums. Durch das Zusammenfassen in einem Einzelvektor $\{T_\infty\}$ kann im zweiten Schritt Formel 4.15 aufgestellt werden.

$$[C] \cdot \{\dot{T}\} + [K_\lambda] \cdot \{T\} = \{\dot{Q}_{NRB}\} + [K_\alpha] \cdot \Big(\{T_\infty\} - \{T\}\Big) \tag{4.15}$$

Durch eine einfache Umformung kann diese in Formel 4.16 überführt werden.

$$[C] \cdot \{\dot{T}\} + \underbrace{\Big([K_\lambda] + [K_\alpha]\Big)}_{[K]} \cdot \{T\} = \{\dot{Q}_{NRB}\} + [K_\alpha] \cdot \{T_\infty\} \tag{4.16}$$

Im dritten Schritt wird die Formulierung der NRB aus Formel 4.13 eingesetzt, sodass Formel 4.17 folgt.

$$[C] \cdot \{\dot{T}\} + [K] \cdot \{T\} = [H_{NRB}]_{ges} \cdot \{\dot{q}\} + [K_\alpha] \cdot \{T_\infty\} \tag{4.17}$$

Nach der Einbindung der RRB geschieht die Diskretisierung des zeitlichen Temperaturgradienten, wozu das implizite Euler-Verfahren herangezogen wird. Die Knotentemperaturen zum nächsten zu berechnenden Zeitpunkt t_{m+1} ergeben sich dabei aus den Knotentemperaturen zum aktuellen Zeitpunkt t_m und den zukünftigen Randbedingungen (ebenfalls zum Zeitpunkt t_{m+1}). Mithilfe der Zeitschrittweite Δt kann dies vereinfacht anhand Formel 4.18 ausgedrückt werden.

$$\{T\}_{m+1} = \{T\}_m + \Delta t \cdot f\big(t_{m+1}, \{T\}_{m+1}\big) \tag{4.18}$$

Die Anwendung des impliziten Euler-Verfahrens auf die Differentialgleichung (DGL) in Formel 4.17 führt zu Formel 4.19.

$$\begin{aligned} &[C] \cdot \frac{1}{\Delta t} \cdot \Big(\{T\}_{m+1} - \{T\}_m\Big) + [K] \cdot \{T\}_{m+1} \\ &= [H_{NRB}]_{ges} \cdot \{\dot{q}\}_{m+1} + [K_\alpha] \cdot \{T_\infty\}_{m+1} \end{aligned} \tag{4.19}$$

Nach Umstellung der Gleichung kann die gesuchte Form eines linearen Gleichungssystems in Formel 4.20 erreicht werden.

$$\begin{aligned} &\Big([C] + \Delta t \cdot [K]\Big) \cdot \{T\}_{m+1} \\ &= [C] \cdot \{T\}_m + \Delta t \cdot \Big([H_{NRB}]_{ges} \cdot \{\dot{q}\}_{m+1} + [K_\alpha] \cdot \{T_\infty\}_{m+1}\Big) \end{aligned} \tag{4.20}$$

4.1.3 Modellordnungsreduktion

Model order reduction

Kurze Rechenzeiten des thermischen Simulationsmodells ist eine zentrale Anforderung, die im Rahmen des Modellierungsprozesses gestellt wird. Die Lösung linearer Gleichungssysteme ist allerdings auch unter Nutzung der LU-Zerlegung mit einem hohen Rechenaufwand verbunden, sodass eine Reduktion der Modellordnung angestrebt wird. Die Zielsetzung beim Einsatz von MOR-Methoden besteht in der Regel darin, die Anzahl zu berechnender Zwischenzustände signifikant zu verringern, ohne das globale Übertragungsverhalten von Ein- zu Ausgängen dabei nennenswert zu beeinflussen.

Im *SFB/TR 96* wurde über viele Jahre hinweg an der Entwicklung speziell auf thermische Anwendungen im Werkzeugmaschinenbau zugeschnittener MOR-Lösungen geforscht. Neben einer Vielzahl an Veröffentlichungen, beispielhaft können [BENN13; LANG14; LANG16; VETT22] aufgeführt werden, mündeten die Forschungsarbeiten unter anderem in der Bereitstellung einer frei zugänglichen MATLAB-basierten "MOR-Blackbox" [SAAK16].

Wie in Kapitel 4.1.1 dargestellt, wird das Modell der Gesamtmaschine aus einzelnen Strukturbauteilen zusammengesetzt. Diese Strukturbauteile (vgl. Abbildung 4.2) haben die Eigenschaft, dass es sich um lineare, zeitinvariante Systeme handelt. Es wird also angenommen, dass sich die Geometrie- wie auch die Materialeigenschaften der Strukturbauteile während des Betrachtungszeitraums nur in vernachlässigbarem Maße verändern. Sämtliche nichtlineare Kopplungen oder zeitlich veränderliche Randbedingungen, beispielsweise in Folge einer Achsbewegung, werden zwischen den Strukturbauteilen explizit durch veränderliche Wärmeaustausche abgebildet. Die Folge ist, dass für die Reduktion der Systemmatrizen MOR-Verfahren für lineare Systeme herangezogen werden können. Im Rahmen des Block-Arnoldi-Verfahrens wird über das mehrfache Lösen des Eigenwertsproblems eine neue Orthogonalbasis $[V]$ in der gewünschten Dimension gefunden. Das beidseitige Mutiplizieren der Systemmatrizen nach Formel 4.21 entspricht einer Projektion des Ursprungssystems in einen Unterraum der zuvor definierten Dimension.

$$\begin{aligned} [C]_{red} &= [V]^T \cdot [C] \cdot [V] \\ [K]_{red} &= [V]^T \cdot [K] \cdot [V] \\ [H_{NRB}]_{ges,red} &= [V]^T \cdot [H_{NRB}]_{ges} \end{aligned} \tag{4.21}$$

Die genaue Dimension der so berechneten reduzierten Systemmatrizen hängt auch von der Anzahl an Systemausgängen ab. Dabei gilt, dass die mittlere Temperatur jeder Fläche, auf die eine NRB oder RRB aufgeprägt wird, einem thermischen Ausgang entspricht. Je Strukturbauteil beträgt die spätere Dimension der reduzierten Systemmatrizen somit $(20 \cdot (n_{NRB} + n_{RRB})) \times (20 \cdot (n_{NRB} + n_{RRB}))$, da ein Wert von 20 als Reduktionsordnung basierend auf Berechnungsexperimenten vorgegeben wurde. Für die in Abbildung 4.2 dargestellten Strukturbauteile ergibt sich durch die Reduktion der Modellordnung die in Tabelle 4.1 aufgelistete Änderung der Matrixdimension.

Tabelle 4.1: Freiheitsgrade aller Bauteile als originales oder reduziertes System

Degrees of freedom of the subassemblies as original or reduced system

	Strukturbauteile						
System	Spindel	Z-Schlitten	KGT	X-Schlitten	Y-Schlitten	Bett	**Summe**
original	12.524	11.682	340	22.474	31.928	3.328	82.276
reduziert	320	580	260	820	920	80	2.980

Während das Originalsystem aus vergleichsweise großen dünnbesetzen Matrizen besteht, beschreiben kleinere vollbesetzte Matrizen das reduzierte System. Die Berechnungszeit des reduzierten Systems beläuft sich auf ca. 8,85 % der Simulationszeit des Originalsystems. Hierbei ist allerdings zu berücksichtigen, das die MOR keinen Einfluss auf die Berechnung der thermischen Randbedingungen je Zeitschritt hat, sondern lediglich die Lösung des linearen Gleichungssystems beschleunigt. Im Rahmen einer 12-stündigen Simulationsstudie mit Auf- und Abkühlphase unter Verfahren der Y-Achse ergab sich ein über alle Systemausgänge gemittelter Fehler von 0,0046 °C. Die maximale Abweichung zwischen den transienten Temperaturverläufen des originalen und des reduzierten Systems belief sich auf 0,0876 °C. Die Simulationsgeschwindigkeit konnte somit ohne nennenswerte Genauigkeitseinbußen auf unter ein Zehntel der ursprünglichen Geschwindigkeit verringert werden.

4.1.4 Strukturvariabilität

Structural variability

Bewegungen in den translatorischen Achsen einer Werkzeugmaschine führen zu einer relativen Verschiebung der Strukturbauteile zueinander. Die in Abbildung 4.2 dargestellten Strukturbauteile sind so definiert, dass keine relativen Geometrieänderungen stattfinden. Achspositionsabhängige Wärmeeinträge und -übergänge treten somit als nichtlineare Randbedingungen zwischen den Strukturbauteilen auf.

Da eine knotenbasierte Abbildung der Achsbewegung aufgrund des zuvor eingeführten MOR-Ansatzes nicht realisierbar ist, findet a priori eine Segmentierung der Achsen statt. Im Beispiel in Abbildung 4.4 wurden der Stator des Linearmotors und die Führungsschienen der X-Achse in jeweils zehn Segmente unterteilt. Da es sich bei den Segmenten um Ein- und Ausgänge des reduzierten Systems handelt, kann ein gemittelter Wärmeeintrag auf diesen Flächen modelliert werden.

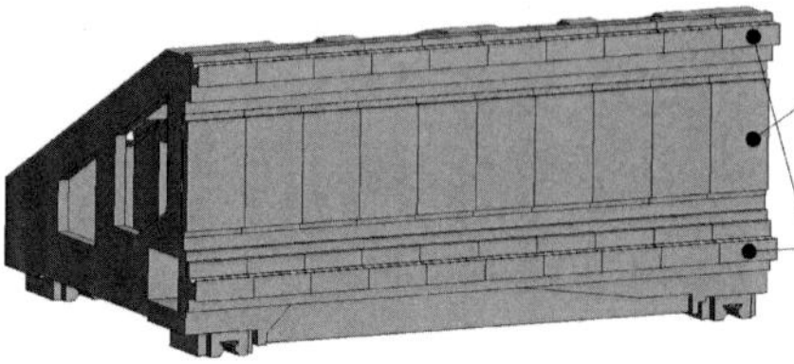

Abbildung 4.4: Segmentierung von Vorschubachsen am Beispiel des Y-Schlittens
Segmentation of feed axes using the example of the Y slide

Je Simulationszeitschritt gliedert sich die Berechnung in drei Schritte.

1) Ermittlung der Achsposition

2) Berechnung der Segmentgewichte

3) Berechnung und Zuweisung des Wärmeeintrags

Für die **Ermittlung der Achsposition** wird die aktuelle Achsgeschwindigkeit mit der Simulationsschrittweite multipliziert, um die zurückgelegte Strecke zu erhalten. Ausgehend von der Achsposition des vorherigen Rechenschritts kann dann unter Berücksichtigung des Verfahrbereichs die aktuelle Achsposition bestimmt werden.

Im nächsten Schritt findet die **Berechnung der Segmentgewichte** statt. Geometriebedingt überdeckt der bewegte Teil einer Vorschubachskomponente, beispielsweise der Wagen einer Linearführung oder der Läufer eines Linearmotors, einen gewissen Bereich des stehenden Konterparts, also der Schiene oder der Permantmagneten im Stator (vgl. Abbildung 4.5).

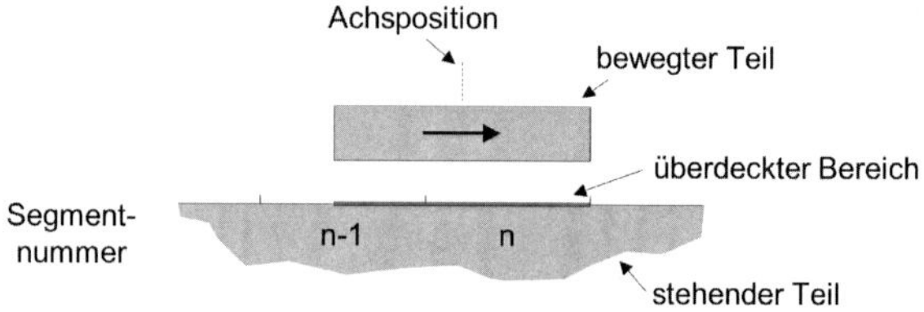

Abbildung 4.5: Schematische Darstellung der Überdeckung der Segmente auf dem stehenden Teil durch den bewegten Teil der Achse
Schematic visualization of the overlap of the segments on the standing part of the axis by the moving part

Da dieser überdeckte Bereich nicht zwangsläufig mit einem oder mehreren Segmenten übereinstimmt, findet eine Berechnung von sogenannten Segmentgewichten statt. Dazu wird der Überdeckungsgrad eines jeden Segments mit dem überdeckten Bereich berechnet. Im schematischen Beispiel in Abbildung 4.5 ergeben sich für die Segmente $n - 1$ bzw. n die Überdeckungsgrade U zu 0,5 und 1. Für alle anderen Segmente liegt der Wert bei 0. Die Segmentgewichte k lassen sich über Formel 4.22 berechnen, wobei die Länge des bewegten Teils $L_{Laeufer}$ und die Segmentlänge $L_{Segment}$ berücksichtigt werden müssen.

$$k_n = \frac{U_n \cdot L_{Segment}}{L_{Laeufer}} \tag{4.22}$$

Durch das beschriebene Vorgehen wird der Ort des Wärmeeintrags bzw. -übergangs in jedem Simulationszeitschritt aktualisiert und verschoben. Das tatsächliche Verfahrprofil zwischen zwei Zeitschritten der Simulation wird dabei nicht detailliert aufgelöst. Während die Menge der eingebrachten Wärme dadurch nicht beeinflusst wird, führt dies allerdings zu einer örtlichen Diskretisierung des Wärmeeintrags. Damit im Mittel eine korrekte Verteilung der Wärme entlang des überfahrenen Bereichs stattfindet, muss mindestens eine der beiden folgenden Bedingungen erfüllt sein. Die Simulationsfrequenz f_{Sim} entspricht darin dem Kehrwert der Zeitschrittweite und die Verfahr-Frequenz f_{Fahr} entspricht der Frequenz einer zyklischen Achsbewegung.

1) $f_{Sim} > 2 \cdot n \cdot f_{Fahr}$, mit n: Segmentzahl

2) $f_{Sim} \neq \frac{1}{z} \cdot f_{Fahr}$, mit $z \in \mathbb{N}$

Durch die Bedingungen ist sichergestellt, dass entweder genügend Punkte entlang der überfahrenen Länge aufgelöst werden oder dass jede Position in der Simulation aufgrund der Teilerfremdheit angefahren wird. Abbildung 4.6 zeigt die Auswirkungen der Ortsdiskretisierung des Wärmeeintrags beim zyklischen Verfahren einer Achse für zwei unterschiedliche Simulationsschrittweiten. Die Linienfarben blau und rot repräsentieren Simulationszeitschrittweiten von $1\,s$ bzw. $1,1\,s$. Wird ein Vergleichspunkt unmittelbar auf der diskretisierten Führungschiene betrachtet (oberes Diagramm), sind signifikant unterschiedliche Temperaturschwankungen in Amplitude und Frequenz aufgrund der unterschiedlichen Anfahrhäufigkeiten des Vergleichspunkts erkennbar. Beide Verläufe weisen dabei allerdings dasselbe mittlere Temperaturniveau auf. Bei einem Vergleichspunkt abseits der Führungsschiene (unteres Diagramm) ist der beschriebene Segmentierungs-Effekt aufgrund des tiefpassfilternden Verhaltens der Strukturbauteile nicht mehr wahrnehmbar, sodass die dargestellten Verläufe für beide Simulationsschrittweiten praktisch deckungsgleich sind.

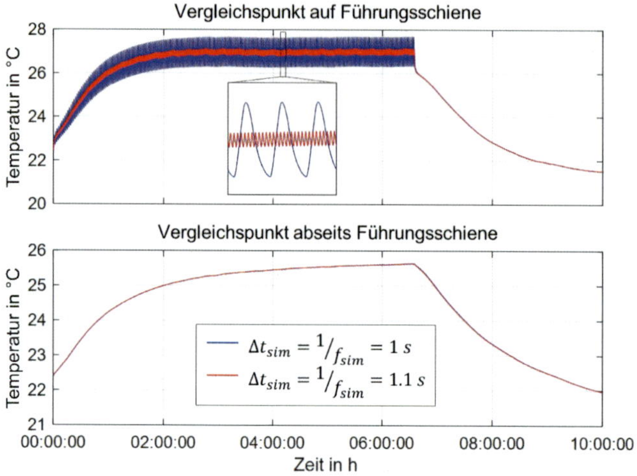

Abbildung 4.6: Einfluss der Simulationszeitschrittweite auf den Wärmeeintrag segmentierter Achsen

Influence of the simulation time step size on the heat input of segmented axes

Zuletzt wird die **Berechnung und Zuweisung des Wärmeeintrags** durchgeführt. Dazu wird der dem stehenden Teil der Vorschubachskomponente zugewiesene Wärmestrom, bereitgestellt über ein entsprechendes Verlustmodell (vgl. Kapitel 4.2), multipliziert mit den jeweiligen Gewichten auf jedes der Segmente entlang der Achse aufgeprägt.

4.2 Modellierung thermischer Randbedingungen

Modeling of thermal boundary conditions

4.2.1 Maschinenkomponenten

Machine components

In der betrachteten Werkzeugmaschine sind wälzgelagerte Maschinenkomponenten in Form von Profilschienenführungen, Kugelgewindetrieben und Lagern zu finden. Für die Berechnung des thermischen Verhaltens der Maschine sind deshalb Teilmodelle für den reibungsbedingten Wärmeeintrag aufzustellen.

Profilschienenführungen (PSF) kommen in den drei translatorischen Maschinenachsen in jeweils doppelter, paralleler Anordnung zum Einsatz. Die einer Vorschubbewegung entgegengesetzte Reibkraft ist im Wesentlichen geschwindigkeits- und lastabhängig. Aufgrund der Komplexität der zugrundeliegenden Reibmechanismen eigenen sich insbesondere isoloierte Komponentenuntersuchungen auf Linearprüfständen für die Charakterisierung des betriebsabhängigen Reibverhaltens. In eigenen Vorarbeiten wurden Reibkräfte der in der Demonstratormaschine verbauten PSF unter variablen Vorschubgeschwindigkeiten und statischen Normalkräften gemessen [BREC17a; BAKA18]. Abbildung 4.7 zeigt die Stribeck-Kurve der in der Y-Achse verbauten Komponenten. Die kombinierte Gewichtskraft der durch die Achse bewegten Strukturbauteile wurde gleichmäßig auf alle vier Führungsschuhe aufgeteilt, um im Anschluss aus zwei Stribeck-Kurven für 0 und 5 kN Normalkraft den dargestellten Verlauf durch Interpolation ermitteln zu können. Über einen inversen Ansatz wurden in [BAKA18] durch Abgleich von Simulation und Messung außerdem Wärmedurchgangskoeffizienten für die relevanten PSF bestimmt.

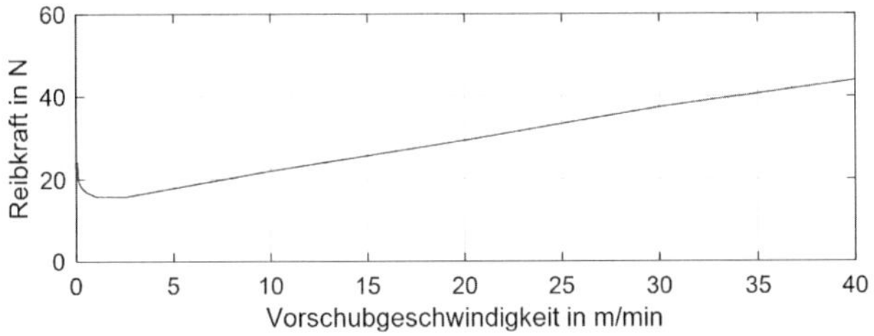

Abbildung 4.7: Einfluss der Vorschubgeschwindigkeit auf die Reibkraft der verbauten Profilschienenführungen in der Y-Achse (ein Führungsschuh)

Influence of the feed rate on the frictional force of the installed linear guides in Y axis (one carriage)

Während die X- und Y-Achse der Demonstratormaschine über Linearmotoren verfügen, wird die Z-Achse über einen **Kugelgewindetrieb** (KGT) angetrieben. Analog zum Vorgehen bei den PSF dienen Prüfstandsversuche der Quantifzierung des betriebsabhängigen Reibverhaltens [BAKA17]. Abbildung 4.8 enthält die resultierende Stribeck-Kurve für den verbauten KGT im axial unbelasteten Fall.

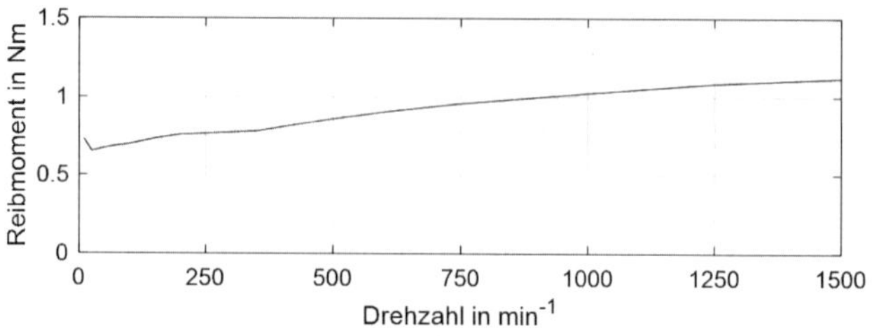

Abbildung 4.8: Einfluss der Drehzahl auf das Reibmoment des verbauten Kugelgwindetriebs
Influence of the rotational speed on the frictional moment of the installed ball screw

Bei **Wälzlagern** handelt es sich um Standardkomponenten in Hauptspindeln von Werkzeugmaschinen, die allerdings auch zur Lagerung von KGT-Spindeln zum Einsatz kommen. In gemeinsamen Arbeiten mit NEUS wurde eine thermo-mechanische Simulationsumgebung für Spindeln entwickelt. Die Untersuchung des Reibverhaltens auf Lagerprüfständen bildet auch hier die Grundlage für die Erfassung von Stribeck-Kurven. Weiterführende Informationen über die Modellierung von Spindeln und Spindellagern kann [BREC19a; BREC20; BREC21; BRED23] entnommen werden.

4.2.2 Elektrische Antriebe

Electric drives

Elektrische Antriebe in Werkzeugmaschinen in Form von Linearmotoren dienen der Realisierung von Bewegungen in den Vorschubachsen durch Wandlung elektrischer in mechanische Energie, vorzugsweise in kinetische und potenzielle Energie. Die für eine Beschleunigung der Massen entsprechend dem Trägheitsaxiom notwendige Kraft entsteht innerhalb der Motoren nach dem Lorentz'schen Gesetz als elektromagnetische Kraft. Einzig Reluktanzmotoren weichen von diesem Wirkungsprinzip ab. [BOLT18] Da Linearmotoren als abgewickelte rotierende Motoren interpretiert werden können, sind sowohl das Funktionsbetrieb als auch die Berechnungsvorschriften im Grundsatz identisch.

Trotz hoher Wirkungsgrade können in elektrischen Antrieben aufgrund hoher Leistungsdichten zum Teil signifikante Verlustleistungen entstehen. Insbesondere im Falle von Linearmotoren können diese aufgrund der zentralen Lage innerhalb der Maschinen einen unmittelbaren Wärmeeintrag in die Maschinenstruktur zur Folge haben, weshalb im Folgenden der Fokus auf die Beschreibung der Verlustleistung der Linearmotoren, die in der betrachteten Werkzeugmaschine in der X- und Y-Achse zum Einsatz kommen, gelegt wird.

Primär- und Sekundärteil bilden die beiden Hauptkomponenten eines Linearmotors. Bei Motoren in Synchron-Bauweise (vgl. Abbildung 4.9) erzeugen Permanentmagnete, meist Neodym-Eisen-Bor-Magnete, im Sekundärteil die notwendige magnetische Erregung, während die Wicklungen im Primärteil bedarfsgerecht aktiv bestromt werden. Eine energetische Bilanzierung eines Linearmotors (vgl. Abbildung 4.9) zeigt, dass beim Umwandlungsprozess von elektrischer in mechanische Leistung darüber hinaus Verlustleistungen anfallen. Diese lassen sich in mechanische Verluste, Kupferverluste, Eisenverluste und Zusatzverluste unterteilen.

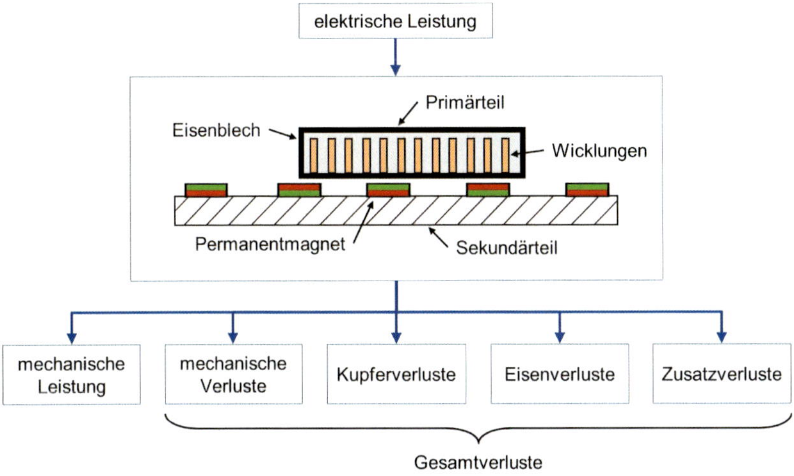

Abbildung 4.9: Aufbau und Energiebilanz eines Linearmotors in Synchron-Bauweise

Setup and energy balance of a linear synchronous motor

Bei den mechanischen Verlusten handelt es sich um Reibungsverluste, wobei im Falle von Linearmotoren aufgrund des kombinierten Einsatzes mit Linearführungen zur Aufnahme von Kräften und Momenten abseits der Vorschubrichtung primär Luftreibung im Spalt zwischen Primär- und Sekundärteil auftritt. Kupferverluste, auch Stromwärmeverluste genannt, sind eine Folge des Leistungsabfalls an elektrischen Widerständen und hängen wesentlich vom Strangstrom I_{str}, von Leitergeometrie und -werkstoff sowie von der Temperatur ab, wobei die drei letztgenannten Größen den Strangwiderstand R_{str} definieren. Nach Formel 4.23 ergeben sich die Kupferverluste P_{cu} für eine Anzahl von m_{str} Strängen aus einer quadratischen Abhänigkeit vom Strangstrom. [BOLT18]

$$P_{cu} = m_{str} \cdot R_{str} \cdot I_{str}^2 \tag{4.23}$$

Abgesehen von Verlusten im Stromkreis treten auch Verluste im magnetischen Kreis auf, wobei zwischen Wirbelstrom- und Hystereseverlusten (Indices ws bzw. hys) unterschieden wird. Beide

Verlustarten, häufig als Eisenverluste P_{fe} zusammengefasst, sind eine Folge der hochfrequenten Ummagnetisierung als Resultat des sich zeitlich ändernden Magnetfeldes. Formeltechnisch lassen sich die Verluste über die Materialkonstanten $\sigma_{hys1,5}$ und $\sigma_{ws1,5}$, die Korrekturfaktoren k_{hys} und k_{ws}, die maximal auftretende magnetische Flussdichte B_{max}, die Frequenz f und die Eisenmasse m_{fe} nach Formel 4.24 ausdrücken. Während sich für die Hystereseverluste somit eine lineare Abhängigkeit von der Frequenz ergibt, fließt diese quadratisch in die Wirbelstromverluste ein. [MÜLL11]

$$P_{fe} = \left(\frac{f}{50\,Hz}\right) \cdot \left(\frac{B_{max}}{1,5\,T}\right)^2 \cdot \left(\sigma_{hys1,5} \cdot k_{hys} + \sigma_{ws1,5} \cdot k_{ws} \cdot \left(\frac{f}{50\,Hz}\right)\right) \cdot m_{fe} \tag{4.24}$$

Unter dem Begriff der Zusatzverluste P_z werden weitere Verluste zusammengefasst, beispielsweise in Folge von Oberwellen oder Stromverdrängung in den Wicklungen (vgl. Skin-Effekt). Auch hierfür existieren analytische Gleichungen [MÜLL11], für deren Anwendung allerdings eine exakte Kenntnis des Aufbaus des betrachteten Motors die Grundlage ist.

Insgesamt beruhen die vorgestellten analytischen Berechnungsansätze auf zahlreichen Vereinfachungen und erfordern detaillierte Informationen zum inneren Aufbau eines Motors. Daneben bietet die FEM die Möglichkeit, Verlustleistungen und sich daraus ergebende Temperaturfelder elektrischer Maschinen simulativ zu ermitteln [ZHAN19; PEI21]. Allerdings erfordert auch der Einsatz der FEM eine möglichst genaue Kenntnis der nicht öffentlich zugänglichen Geometrie- und Werkstoffdaten und ist damit häufig nicht applizierbar.

Im Rahmen dieser Arbeit wird aus den genannten Gründen auf einen empririsch-kalorischen Ansatz zur Bestimmung der Verlustleistung zurückgegriffen. Bei den verbauten Motoren handelt es sich um das Modell SIEMENS *1FN3900-2WC00-0BA1*, einen permanenterregten Synchronmotor in Kurzständerbauweise mit zusätzlichem Plattenkühler. Für die messtechnische Ermittlung der Motorverluste werden die Verfahrgeschwindigkeit v und die axial auf den Motor wirkende Kraft F als einzige die Motorverluste beeinflussenden Variablen definiert. Da eine genaue Aufschlüsselung der Motorverluste entsprechend Abbildung 4.9 im verbauten Zustand in der Werkzeugmaschine praktisch unmöglich ist, werden die Gesamtverluste P_v betrachtet. Die Energiegleichung vereinfacht sich dadurch zu Formel 4.25. Hierin ergeben sich die Gesamtverluste P_v aus der elektrischen Eingangsleistung P_{el} und der mechanischen Ausgangsleistung P_m. Darüber hinaus kann die mechanische Leistung als Summe der zeitlichen Ableitung der kinetischen Energie E_{kin}, der potenziellen Energie E_{pot} und der Arbeit ausgedrückt werden. Für die Ableitung wird angenommen, dass die Abhängigkeit der Kraft F von der Zeit unter stationären Bedingungen vernachlässigbar ist. In Formel 4.25 sind m_{ma} die beschleunigte Maschinenmasse, g die Erdbeschleunigung und F eine zusätzlich wirkende statische Last.

$$P_v = P_{el} - P_m = P_{el} - \frac{d}{dt}(E_{kin} + E_{pot} + W) = P_{el} - (m_{ma} \cdot \dot{v} + m_{ma} \cdot g + F) \cdot v \tag{4.25}$$

Da der gesamte Maschinenaufbau im Falle der Y-Achse horizontal bewegt wird, erfahren die bewegten Maschinenmassen keine Änderung der potenziellen Energie, sodass der entsprechende Anteil in Formel 4.25 entfällt.

$$P_v = P_{el} - (m_{ma} \cdot \dot{v} + F) \cdot v \tag{4.26}$$

Um eine aufwändige direkte messtechnische Erfassung der Verlustleistung zu umgehen, kann somit eine indirekte Bestimmung durch Anwendung der obigen Energiegleichung durchgeführt werden. Grundlage dafür ist die Ermittlung der aufgenommene elektrischen Leistung über einen Datentrace aus der Steuerung und die gleichzeitige Kenntnis der mechanischen Belastung auf den verbauten Linearmotor. An der betrachteten Demonstratormaschine geschieht dies über den in Abbildung 4.10 dargestellten Messaufbau. Der horizontal angeordnete Motor der Y-Achse ist über ein Stahlseil und eine Umlenkrolle mit einer bekannten Masse verbunden, die variiert werden kann. Ein piezoelektrischer Kraftsensor erfasst die tatsächlich in Y-Richtung wirkende Last, sodass neben der Trägheitskraft der Masse auch etwaige Reibkräfte in der Umlenkrolle berücksichtigt werden.

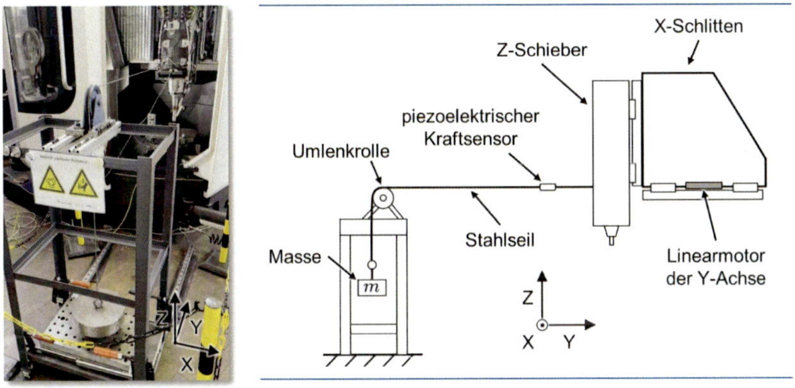

Abbildung 4.10: Messaufbau zur Erfassung last- und geschwindigkeitsabhängiger Verluste eines verbauten Linearmotors

Measurement setup for the acquisition of load- and speed-dependent losses of an installed linear motor

Im Falle einer Vorschubbewegung wirken neben der statischen mechanischen Last F_{mech} auch Reibkräfte F_{reib} in den insgesamt vier Führungswagen der beiden Linearführungen. Bewegt sich die Vorschubachse in positive Y-Richtung, so summieren sich die mechanische Last und die Gesamtreibkraft der vier Führungswagen der Y-Achse auf (vgl. Formel 4.27).

$$F = F_{reib} + F_{mech} \tag{4.27}$$

Formel 4.28 zeigt den Fall einer Bewegung in negativer Y-Richtung. In diesem Szenario bewegt sich der Aufbau in Richtung der ziehenden Masse. Die Reibkraft wirkt stets der Bewegung entgegen, sodass sich das Vorzeichen nicht umkehrt.

$$F = |F_{reib} - F_{mech}| \tag{4.28}$$

Im nächsten Schritt kann die mechanische Last über die Masse m_{gew} des axial bewegten Gewichts ausgedrückt werden, dargestellt in Formel 4.29.

$$F_{mech} = m_{gew} \cdot g \tag{4.29}$$

Für die Beschreibung der Reibkraft F_{reib} werden isolierte Messungen auf einem Linearprüfstand herangezogen (vgl. Kapitel 4.2 und Abbildung 4.7). Die in den Formeln 4.27 und 4.28 berücksichtigte Reibkraft F_{reib} entspricht somit dem Vierfachen der aus Abbildung 4.7 entnehmbaren Reibkraft eines einzelnen Führungswagens.

Insgesamt werden für den praktischen Betrieb im Rahmen der messtechnischen Untersuchungen drei realitätsnahe Betriebsszenarien betrachtet. Im **Stillstandsbetrieb**, beispielsweise beim Rüsten der Maschine mit einem neuen Werkstück, befindet sich die Achse in Regelung, wird allerdings weder bewegt noch von einer externen Last beansprucht. Der **Konstantbetrieb** bildet beispielsweise einen Fräsprozess bei konstantem Achsvorschub unter Wirkung einer Zerspankraft ab. Lastfreie Beschleunigungsvorgänge (**Beschleunigungsbetrieb**), beispielsweise bei einem Werkzeugwechsel, fallen in das dritte Betriebsszenario.

1) Stillstandsbetrieb: $v = 0,\ \dot{v} = 0,\ F = 0$

2) Konstantbetrieb: $v \neq 0,\ \dot{v} = 0,\ F \neq 0$

3) Beschleunigungsbetrieb: $v \neq 0,\ \dot{v} \neq 0,\ F = 0$

Die Verluste im **Stillstandsbetrieb** des Y-Motors belaufen sich auf 5,27 W, hervorgerufen durch die Achsregelung. Die Verluste werden im Simulationsmodell als Wärmestrom auf die Unterseite des bestromten Primärteils aufgeprägt.

Im **Konstantbetrieb** ergibt sich eine Abhängigkeit der Verlustleistung von den variablen Betriebsgrößen - der axial wirkenden Last und der Geschwindigkeit. Da sich diese im Konstantbetrieb nicht ändern, wird der zeitliche Gradient in Formel 4.26 zu null, sodass der Term verschwindet. Anhand von Abbildung 4.11 wird deutlich, dass der Einfluss der Last den der konstanten Vorschubgeschwindigkeit deutlich übersteigt. Dass sich dabei eine näherungsweise quadratische Abhängigkeit der Verlustleistung von der Kraft einstellt, kann über Formel 4.23 nachvollzogen werden. Der Motorstrom und die vom Motor aufgebrachte Kraft hängen in der Regel über eine Kraftkonstante zusammen und verhalten sich somit annähernd proportional zueinander. Bei einer für Fräsoperationen nicht unüblichen Kraftamplitude von 1.500 N entstehen im Linearmotor der Y-Achse auch bei niedrigen Vorschubgeschwindigkeiten folglich Verlustleistungen von über 700 W.

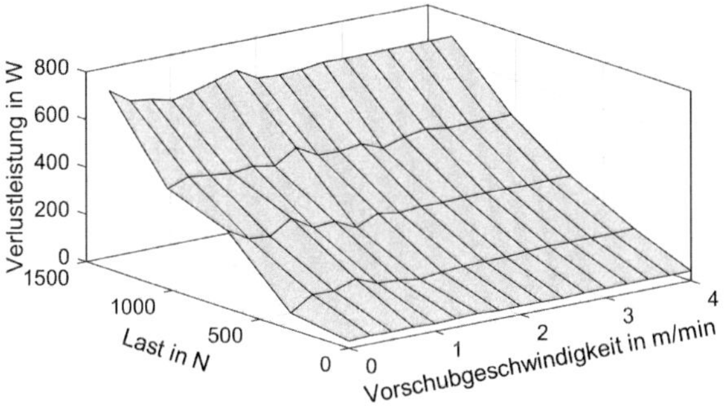

Abbildung 4.11: Last- und geschwindigkeitsabhängige Motorverluste
Load- and speed-depending motor losses

Wie Abbildung 4.11 außerdem zeigt, wurden unter Last lediglich Geschwindigkeiten bis 4 m/min realisiert, da über das aufgespannte Kennfeld der für die betrachtete Werkzeugmaschine relevante Arbeitsbereich dadurch abgedeckt wird. Lastfrei verfahren Werkzeugmaschinen aber weit schneller. Die Eilganggeschwindigkeit der Y-Achse der Maschine liegt beispielsweise bei 40 m/min, sodass das lastfreie Verfahren bei hohen Vorschubgeschwindigkeiten nachfolgend gesondert betrachtet wird. Abbildung 4.12 verdeutlicht, dass bei hohen Geschwindigkeiten in Phasen konstanter Geschwindigkeit auch im lastfreien Zustand erhebliche Verlustleistungen entstehen können.

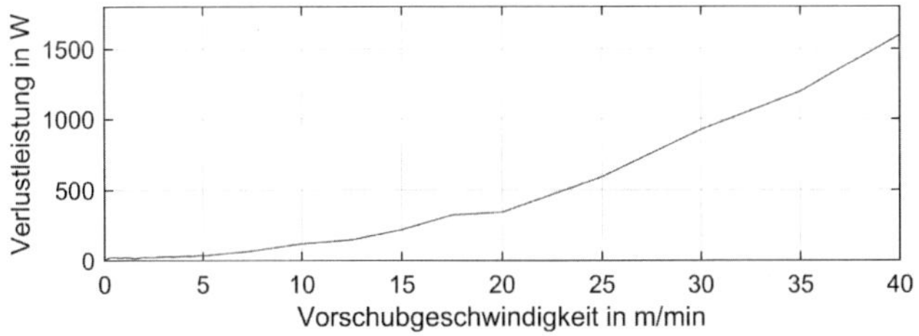

Abbildung 4.12: Motorverluste bei hohen Vorschubgeschwindigkeiten
Motor losses at high feed rates

Abschließend findet eine Betrachtung der Verlustleistung im **Beschleunigungsbetrieb** statt. Aufgrund hoher Achsbeschleunigungen von bis zu 10 m/s^2 liegt die Dauer eines Beschleunigungs- oder Abbremsvorgangs unterhalb einer Zehntelsekunde. Eine realitätsgetreue zeitliche Abbildung derart kurzer Vorgänge ist in einer Simulationsumgebung mit einer Zeitschrittweite von einer Sekunde deshalb nicht umsetzbar. Die Äufprägung einer kurzzeitig wirkenden Verlustleistung (in W) als Wärmestrom ist somit nicht zielführend. Stattdessen werden Verlustenergien (in J) je Beschleunigungs- und Abbremsvorgang im Modell berücksichtigt. Um weiterhin eine impulsartige Anregung des Modells zu verhindern, werden diese gleichmäßig auf insgesamt vier Zeitschritte aufgeteilt. Ein in der Realität kurzeitig sehr hoher Wärmeeintrag wirkt im Simulationsmodell über insgesamt vier Sekunden, wobei die insgesamt eingebrachte Wärmemenge jedoch dieselbe ist. Kommt es in der Realität in der Zwischenzeit zu einem weiteren Beschleunigungsvorgang, so werden die jeweiligen Verlustenergien je Zeitschritt aufsummiert, wie Abbildung 4.13 am Beispiel zweier Beschleunigungsvorgänge unterschiedlicher Amplitude visualisiert. Aus dem Quotienten der Gesamtverlustenergie je Zeitschritt und der Zeitschrittweite ergibt sich dann ein äquivalenter Wärmestrom, der im Modell aufgeprägt werden kann. Aufgrund der sehr großen Betrachtungshorizonte im Simulationsmodell und der insgesamt großen Wärmekapazitäten wirkt sich die beschriebene Art der Abbildung des Beschleunigungsverhaltens nicht auf simulierte Temperaturgänge aus, sorgt aber für eine signifikante Stabilisierung des numerischen Solvers.

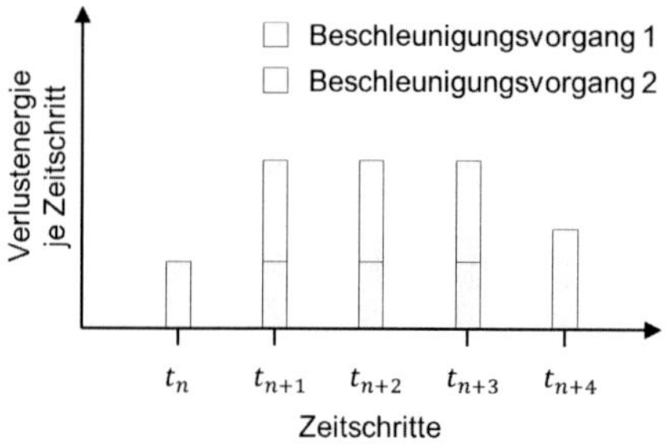

Abbildung 4.13: Aufteilung der Verlustenergie durch Beschleunigungsvorgänge im Simulationsmodell auf vier Zeitschritte

Allocation of energy loss due to accelerations in the simulation model to four time steps

Angelehnt an die Energiebilanz in Formel 4.26 lässt sich die Verlustenergie E_v über Formel 4.30 ausdrücken. Da in diesem Szenario keine externe, statische Last wirkt, entspricht die Kraft F in Formel 4.26 der Reibkraft. Die Beschleunigung bzw. zeitliche Änderung der Vorschubgeschwindigkeit $\dot{v}$ findet zwischen den Zuständen 1 und 2 statt. Im Rahmen der numerischen Integration zur Berechnung von Energien aus Leistungen kann die geschwindigkeitsabhängige Reibkraft Abbildung 4.7 entnommen werden.

$$E_v = \int_{t_1}^{t_2} (P_{el} - (m_{ma} \cdot \dot{v} + F) \cdot v)\, dt = \int_{t_1}^{t_2} (P_{el} - F_{reib} \cdot v)\, dt - \frac{1}{2} \cdot m_{ma} \cdot \left(v_2^2 - v_1^2\right) \quad (4.30)$$

Die Kurve in Abbildung 4.14 beschreibt die anfallende Verlustenergie für Beschleunigungsvorgänge aus dem oder in den Stillstand ($v_1 = 0$ oder $v_2 = 0$). Unter Vernachlässigung des Ruckverhaltens dauert eine Beschleunigung von 0 auf 40 m/min bei einer Beschleunigung von 10 m/s^2 ungefähr 0,067 s. Bei einer Verlustenergie von ca. 200 J entspricht dies einer kurzfristigen Verlustleistung des Motors von ca. 2985 W. Im Simulationsmodell würden in diesem Szenario über vier Sekunden dauerhaft wirkende 50 W aufgeprägt werden.

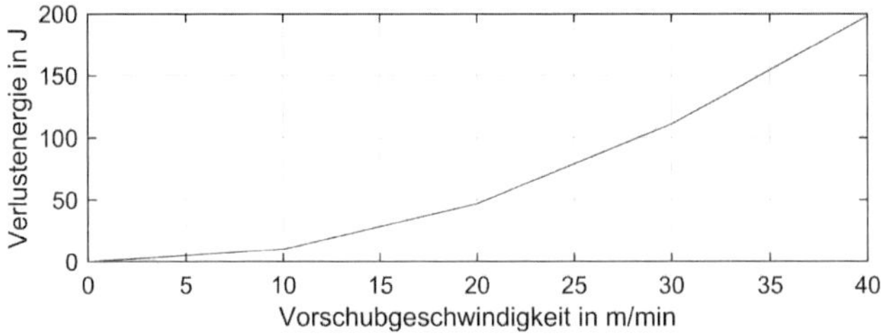

Abbildung 4.14: Verlustenergie für Beschleunigungen auf verschiedene Geschwindigkeiten
Energie loss for accelerations to different velocities

Auf Basis der insgesamt vorgestellten Messergebnisse wird im Folgenden ein empirisch-analytischer Modellierungsansatz eingeführt, dessen Ziel die Beschreibung des Verlustverhaltens mit analytischen Gleichungen darstellt. Nach Formel 4.23 lassen sich die modellierten Kupferverluste $P_{cu,m}$ in Abhängigkeit der Stromstärke über Formel 4.31 ausdrücken, wobei im Koeffizient k_1 sämtliche für die Berechnung relevanten Größen abseits der Stromstärke zusammengefasst werden.

$$P_{cu,m} = k_1 \cdot I^2 \tag{4.31}$$

Im Falle der Eisenverluste ist zunächst eine Umformulierung von Formel 4.24 vorzunehmen. Für einen stromdurchflossenen Leiter gilt nach dem Durchflutungsgesetz der folgende Zusammenhang in Formel 4.32, dass sich die Stromstärke I proportional zum magnetischen Fluss ϕ und zur magnetischen Flussdichte B verhält.

$$I \sim \phi \sim B \tag{4.32}$$

Anhand von Formel 4.33 können die modellierten Eisenverluste $P_{fe,m}$ beschrieben werden. Dabei müssen auch hier entsprechende Koeffizienten eingeführt werden. Da die Frequenz f direkt von der Vorschubgeschwindigkeit v abhängt, taucht sie in der folgenden Formel nicht mehr auf.

$$P_{fe,m} = v \cdot I^2 \cdot (k_2 + k_3 \cdot v) \tag{4.33}$$

Die Abhängigkeit der modellierten Zusatzverluste $P_{z,m}$ von den Betriebsbedingungen lässt sich nach [MÜLL11] über Formel 4.34 ausdrücken.

$$P_{z,m} = k_4 \cdot v^{1,5} \cdot I^2 \tag{4.34}$$

Unter Vernachlässigung mechanischer Verluste kann durch Aufsummieren der Einzelterme ein Ausdruck für die Gesamtverluste $P_{v,m}$ gefunden werden. Die vier Koeffizienten k_1 bis k_4 können durch die Methode der kleinsten Fehlerquadrate aus den vorgestellten Messdaten bestimmt werden. Das Ergebnis der Ausgleichsrechnung in Formel 4.35 ist ein analytischer Ausdruck, in welchen alle Größen in SI-Einheiten einzusetzen sind.

$$P_{v,m} = 1,346 \cdot I^2 + v \cdot I^2 \cdot (2,881 \cdot 10^{-9} + 3,853 \cdot v) + 2,414 \cdot 10^{-7} \cdot v^{1,5} \cdot I^2 \tag{4.35}$$

Durch das Einbinden empirisch ermittelter Koeffizienten in eine analytische Grundgleichung entsteht ein empirisch-analytisches Motorverlustmodell, das einen RMSE-Wert von 17,057 W bzw. eine mittlere relative Abweichung von 7,518 % erreicht. Der Modellansatz ermöglicht eine Aufschlüsselung der Gesamtverluste in die Einzelverluste, wodurch beispielsweise ein Anstieg der Eisenverluste bei ansteigenden Vorschubgeschwindigkeiten quantitativ bewertet werden kann. Abbildung 4.15 enthält die Verlustanteile des Linearmotors der Y-Achse für zwei beispielhafte Betriebspunkte mit unterschiedlichen Lasten und Vorschubgeschwindigkeiten. Die sich dabei einstellende Stromstärke ist aus Versuchen bekannt und kann im prozessparallelen Einsatz direkt aus den Steuerungsdaten entnommen werden. Neben dem insgesamt vernachlässigbaren Einfluss der Zusatzverluste ist erkennbar, dass der Anstieg des Kupferverlustanteils infolge des Lastanstiegs von Betriebspunkt 1 auf 2 erheblich ist.

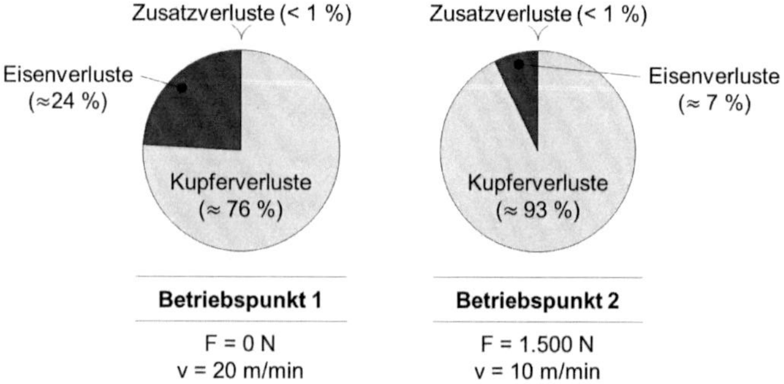

Abbildung 4.15: Verlustanteile im Linearmotor in zwei beispielhaften Betriebspunkten

Loss components in the linear motor at two exemplary operating points

4.2.3 Aktive Kühlsysteme

Active cooling systems

Der Einfluss aktiver Kühlsysteme wird im Rahmen der Arbeit als RRB, also in Form einer konvektiven Randbedingung, modellseitig abgebildet. Die Wärmeübergangskoeffizenten der runden Kühlkanäle werden über die Berechnungsvorschriften in [GESE13] bestimmt. Zunächst müssen nach Formel 4.36 die Reynolds-Zahl Re und die Prandtl-Zahl Pr berechnet werden, wobei sich die mittlere Strömungsgeschwindigkeit v aus dem Volumenstrom und der Querschnittsfläche eines Kühlkanals, berechnet über den Durchmesser d, ergibt. Weiterhin handelt es sich bei der kinematischen Viskosität ν, der Wärmekapazität c, der Dichte ρ und der Wärmeleitfähigkeit λ um Standard-Materialkennwerte.

$$Re = \frac{v \cdot d}{\nu} \text{ und } Pr = \frac{\nu \cdot c \cdot \rho}{\lambda} \tag{4.36}$$

Bei der Berechnung der Nussel-Zahl Nu aus Re und Pr wird eine Fallunterscheidung vorgenommen, um die unterschiedlichen vorherrschenden Strömungsbedingungen berücksichtigen zu können.

1) Hydrodynamisch ausgebildete Laminarströmung ($Re < 2300$)
2) Voll ausgebildete turbulente Strömung ($Re > 10^4$)
3) Übergangsbereich zwischen Fall 1 und 2 ($2300 \leq Re \leq 10^4$)

Die Berechnungsvorschrift für Nu_{lam} im Falle einer **hydrodynamisch ausgebildeten Laminarströmung** kann Formel 4.37 entnommen werden. Zusätzlich zu den bereits eingeführten Größen ist die Länge L des jeweiligen Kühlkanals einzusetzen.

$$\begin{aligned} Nu_{lam} = \Big(&83{,}326 + \left(1{,}953 \cdot (Re \cdot Pr \cdot d/L)^{1/3} - 0{,}6\right)^3 \\ &+ \left(0{,}924 \cdot Pr^{1/3} \cdot \sqrt{Re \cdot d/L}\right)^3\Big)^{1/3} \end{aligned} \tag{4.37}$$

Für die **voll ausgebildete turbulente Strömung** ergibt sich Nu_{turb} aus Formel 4.38, wobei zunächst die Zwischengröße ξ zu berechnen ist.

$$\begin{aligned} \xi &= \left(1{,}8 \cdot log_{10}(Re) - 1{,}5\right)^{-2} \\ Nu_{turb} &= \frac{(\xi/8) \cdot Re \cdot Pr}{1 + 12{,}7 \cdot \sqrt{\xi/8} \cdot (Pr^{2/3} - 1)} \cdot \left(1 + \left(\frac{d}{L}\right)^{2/3}\right) \end{aligned} \tag{4.38}$$

Der **Übergangsbereich zwischen Fall 1 und 2** wird durch Interpolation erschlossen. Dazu werden die Grenz-Nusselt-Zahlen Nu_{2300} und Nu_{10^4} über die Formeln 4.37 und 4.38 bestimmt, wie Formel 4.39 verdeutlicht.

$$\begin{aligned} Nu_{2300} &= Nu_{lam}(Re = 2300) \\ Nu_{10^4} &= Nu_{turb}(Re = 10^4) \end{aligned} \tag{4.39}$$

Die Interpolation der Nusselt-Zahl im Übergangsbereich $Nu_{lamturb}$ geschieht über Formel 4.40.

$$\begin{aligned} \gamma &= \frac{Re - 2300}{10^4 - 2300} \\ Nu_{lamturb} &= (1 - \gamma) \cdot Nu_{2300} + \gamma \cdot Nu_{10^4} \end{aligned} \tag{4.40}$$

Zuletzt kann die Nusselt-Zahl über die im Stand der Technik aufgeführte Formel 2.6 in den gesuchten Wärmeübergangskoeffizienten α überführt werden. Neben den geometrischen Beschaffenheiten (d und L) der allesamt kreisrunden Kühlkanäle entscheidet der Volumenstrom maßgeblich über die Art der sich ausprägenden Strömungsbedingungen, sodass sich insgesamt invididuelle Wärmeübergangskoeffizienten ergeben. Da sich allerdings sowohl die Geometrie als auch der Volumenstrom zeitlich invariant verhalten, handelt es sich um konstante Größen. Die Folge ist, dass die Matrix $[K_\alpha]$ in Formel 4.14 um die entsprechenden Kühl-Terme erweitert werden kann. Durch die Abbildung aktiver Kühlsysteme als RRB findet eine knotenweise Abbildung der Kühlwirkung statt, sodass eine Aufprägung als NRB über Flächenmittelungen umgangen werden kann. Darüber hinaus findet eine Berücksichtigung der aktiven Kühlsysteme im Rahmen der MOR statt. Diese implizite Integration sorgt für eine deutliche Stabilisierung des numerischen Solvers, sodass letztendlich größere Zeitschrittweiten stabil umgesetzt werden können.

4.2.4 Sonstige Randbedingungen

Other boundary conditions

Neben den bereits beschriebenen thermischen Randbedingunen werden in der Simulationsumgebung folgende weiteren Phänomene modellseitig abgebildet:

- Konvektion und Strahlung
- Wärmeübergang in Festkörperkontakten

Im Falle von **Konvektion und Strahlung** kommen sowohl die Beschreibung als RRB als auch als NRB zum Einsatz. Bei natürlicher Konvektion und Strahlung ist die Annahme konstanter Wärmeübergangskoeffizienten im betrachteten Temperaturbereich zulässig, sodass analog zu den aktiven Kühlsystemen eine Integration in die Matrix $[K_\alpha]$ erfolgen kann. Die knotenbezogene Aufprägung sowie die Berücksichtigung im Rahmen der MOR sind auch hier als die zentralen

Vorteile dieses Vorgehens zu nennen.
Natürliche Konvektion abbildende Wärmeübergangskoeffizienten für vertikale und horizontale Platten und Zylinder können [GESE13] entnommen werden. Jede mit der Umgebung in direktem Austausch befindliche Fläche der Maschinenstruktur wird deshalb auf einen der genannten Geometriefälle zurückgeführt. Wärmestrahlung kann über Formel 2.7 beschrieben werden, wobei das Auftreten der vierten Potenz der Temperaturen eine implizite Einbindung von Strahlungs-Randbedingungen als RRB in die Konvektionsmatrix unmöglich macht. Stattdessen wäre eine Abbildung als NRB notwendig, mit den damit verbundenen Nachteilen einer Flächenmittelung der Strukturtemperatur und Reduzierung der Solverstabilität. Um diese Auswirkungen zu vermeiden, wird eine Umwandlung der Strahlungs-Randbedingungen in eine konvektive Randbedingung durchgeführt. Ausgangspunkt dafür ist die Netto-Wärmestromdichte, hervorgerufen durch Strahlungsaustausch, in Formel 4.41. Die Berücksichtigung eines Sichtfaktors entfällt bei Betrachtung eines Austauschs mit der Umgebung.

$$\dot{q} = \epsilon \cdot \sigma_{SB} \cdot \left(T^4 - T_\infty^4\right) \tag{4.41}$$

Durch Anwendung der dritten binomischen Formel kann der Ausdruck in Formel 4.42 gewonnen werden.

$$\dot{q} = \epsilon \cdot \sigma_{SB} \cdot (T^2 + T_\infty^2) \cdot (T^2 - T_\infty^2) \tag{4.42}$$

Ein erneutes Anwenden der dritten binomischen Formel auf den letzten Termin führt zu Formel 4.43.

$$\dot{q} = \epsilon \cdot \sigma_{SB} \cdot (T^2 + T_\infty^2) \cdot (T + T_\infty) \cdot (T - T_\infty) \tag{4.43}$$

Dieser Ausdruck ermöglicht das Aufstellen eines konvektiven Wärmeübergangskoeffizients zur Abbildung des Strahlungsaustauschs, wobei dieser allerdings abhängig ist sowohl von der Struktur- als auch von der Umgebungstemperatur, wie Formel 4.44 zeigt.

$$\begin{aligned} \dot{q} &= \alpha_\epsilon \cdot (T - T_\infty) \\ \text{mit } \alpha_\epsilon &= \epsilon \cdot \sigma_{SB} \cdot (T^2 + T_\infty^2) \cdot (T + T_\infty) \end{aligned} \tag{4.44}$$

Eine einfache Berechnungsstudie verdeutlicht allerdings, dass diese Temperaturabhängigkeit von untergeordneter Bedeutung ist, da Absoluttemperaturen in Kelvin verrechnet werden. In der Realität auftretende Temperaturschwankung resultieren bei Betrachtung von Absoluttemperaturen in nur einer vergleichsweise geringen relativen Änderungen der Zahlenwerte. Für den in Abbildung 4.16 dargestellten Verlauf des Wärmeübergangskoeffizienten wird neben der Stefan-Boltzmann-Konstanten σ_{SB} ein Emissiongrad für Gusseisen von $\epsilon = 0,64$ herangezogen. Die betrachteten Temperaturbereiche decken die für eine Werkzeugmaschinenstruktur relevanten Dimensionen ab. Im dargestellten Parameterraum schwankt der Wärmeübergangskoeffizient zwischen einem Minimal- und Maximalwert von 3,62 W/m^{2}K bzw. 3,85 W/m^{2}K, sodass auch hier die Annahme eines mittleren, konstanten Wärmeübergangskoeffizienten, analog zur natürlichen Konvektion, zulässig ist.

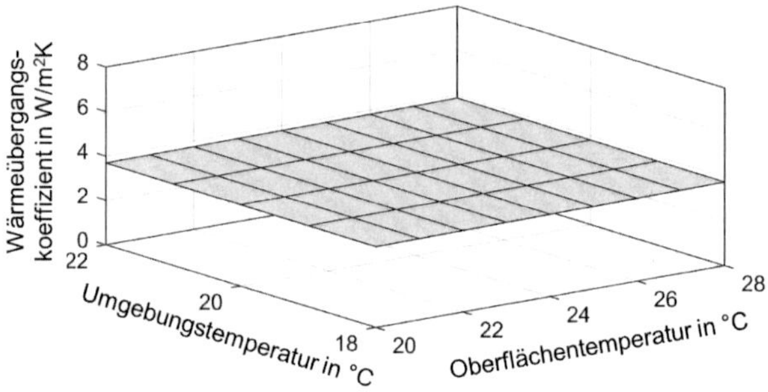

Abbildung 4.16: Wärmeübergangskoeffizient zur Abbildung von Strahlung als Funktion der relevanten Temperaturen

Heat transfer coefficient for radiation as a function of the relevant temperatures

Aus den Koeffizienten für natürliche Konvektion und Strahlung kann somit ein kombinierter Wärmeübergangskoeffizient berechnet werden, der als RRB auf das Modell aufgeprägt wird und somit, wie oben beschrieben, eine knotenweise Abbildung im Rahmen der MOR ermöglicht.
Da sich allerdings in Abhängigkeit der Vorschubgeschwindigkeiten der Achsen erzwungene Strömungen ausprägen, kann die Abbildung erzwungener Konvektion nicht als RRB erfolgen. Stattdessen muss der Wärmeübergangskoeffizient hier an die geschwindigkeitsabhängigen Strömungsbedingungen angepasst werden, was nur im Rahmen einer NRB erfolgen kann. Da infolge der MOR ein direkter Knotenbezug verloren geht, wird auf eine Temperaturdifferenz aus mittlerer Oberflächentemperatur und Umgebungstemperatur zurückgergiffen, wobei die erstgenannte Größe eine im Rahmen der MOR berücksichtige Ausgangsgröße ist und somit mit hoher Genaugigkeit zur Verfügung steht. Für die Bestimmung des Wärmeübergangskoeffizienten wird der Berechnungsansatz für längs überströmte Platten aus [GESE13] genutzt, wobei Effekte wie Prallströmungen unberücksichtigt bleiben. Die bei der Berechnung einzusetzende Strömungsgeschwindigkeit v_{fluid} ergibt sich für den Z-Schlitten als letzte der seriell gestapelten Achsen über den Satz des Pythagoras im dreidimensionalen Raum aus den einzelnen Achsgeschwindigkeiten in den translatorischen Achsen nach Formel 4.45.

$$v_{fluid} = \sqrt{v_X^2 + v_Y^2 + v_Z^2} \tag{4.45}$$

Die genannten Ansätze zur Beschreibung von natürlicher Konvektion und Strahlung als RRB sowie von erzwungener Konvektion als NRB haben gemein, dass ein Wärmeaustausch mit der Umgebung, repräsentiert über die Umgebungstemperatur, stattfindet. Hierbei ist zu berücksichtigen, dass neben zeitlichen Schwankungen, beispielsweise hervorgerufen durch Tag-

Nacht-Schwankungen der Außentemperatur, räumliche Gradienten der Umgebungstemperatur in horizontaler wie vertikaler Richtung zu erwarten sind [BREC19b]. Messungen im Umfeld der Demonstratormaschine (vgl. Abbildung 4.17) zeigen deutliche Schwankungen im zeitlichen Verlauf von April 2022 bis Februar 2023. Neben einem Absinken des Temperaturniveaus in den Wintermonaten ist eine deutliche Tag-Nacht-Schwankung erkennbar (vgl. Detailansicht). Der Vergleich der Temperaturverläufe an drei Messpunkten verdeutlicht darüber hinaus die unterschiedlichen Bedingungen im Umfeld der Maschine. Während Umgebung 1 den Arbeitsraum abbildet, repräsentiert Umgebung 2 den Maschinenraum. Umgebung 3 ist im unteren Bereich der Maschine in Bettnähe positioniert. Die drei Sensoren messen die Lufttemperatur hinreichend weit von Strukturbauteilen oder sonstigen Wärmequellen und -senken entfernt. Im Falle des Vergleichs der drei Verläufe wurde das Hallentor geöffnet, sodass über drei Stunden kalte Luft in die Halle geströmt ist. Die in den drei Bereiche erfassten Umgebungstemperaturen werden kontinuierlich aufgenommen und stehen somit als Eingangsgrößen für ein Simulationsmodell zur Verfügung.

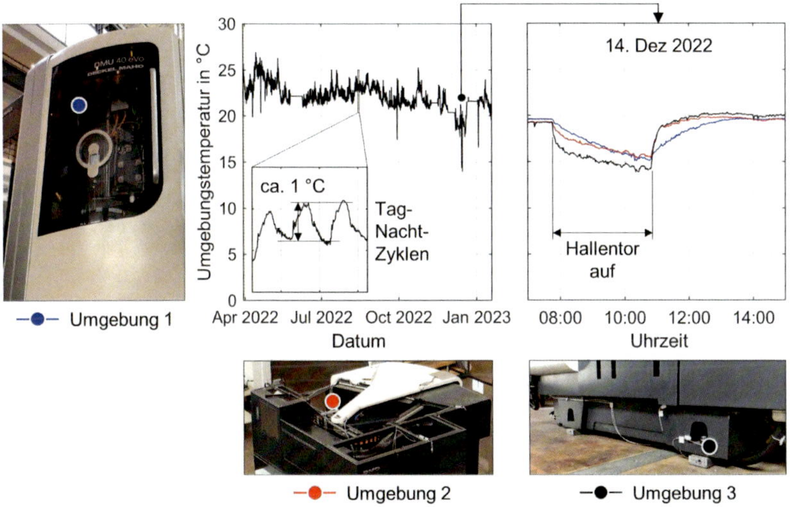

Abbildung 4.17: Umgebungstemperatur an der Demonstratormaschine im jährlichen Verlauf und an verschiedenen Messpositionen

Ambient temperature at the demonstrator machine in the annual course and at different measuring positions

4.3 Validierung und Diskussion

Validation and discussion

Der nachfolgend vorgestellte, mehrstufige Validierungsprozess zielt auf die Untersuchung der Wirksamkeit des Gesamtmodells wie auch einzelner Teilmodelle ab. Dazu wird die Demonstratormaschine in unterschiedlichen Betriebsmodi analysiert, sodass das thermische Verhalten im jeweiligen Betrachtungsfall maßgeblich durch einzelne Randbedingungen beeinflusst wird (vgl. Tabelle 4.2). In Stufe 1 wird die ausgeschaltete Maschine durch Öffnen des Hallentors variablen konvektiven Randbedingungen ausgesetzt. Darauf aufbauend wird das Kühlsystem in Stufe 2 unter variablen Bedingungen bei weiterhin ausgeschalteter Maschine betrieben. Das Hallentor bleibt dabei geschlossen, sodass sich weitestgehend konstante Konvektionsrandbedingungen ergeben. Im nächsten Schritt wird die Maschine eingeschaltet und befindet sich in Achsregelung, um im letzten Schritt durch Verfahren der Achsen einen variablen Einfluss der internen Verlustleistungen abzubilden.

Tabelle 4.2: Mehrstufiges Vorgehen zur Validierung einzelner thermischer Randbedingungen
Multi-stage procedure for validating individual thermal boundary conditions

	thermische Randbedingungen		
Stufe	Antriebe	Kühlung	Konvektion
1	inaktiv	inaktiv	aktiv, variabel
2	inaktiv	aktiv, variabel	aktiv, konstant
3	aktiv, konstant	aktiv, konstant	aktiv, konstant
4	aktiv, variabel	aktiv, konstant	aktiv, konstant

Im Rahmen der Validierung werden gemessene und simulierte Strukturtemperaturen vergleichend gegenübergestellt. Dabei werden gemessene Verläufe über durchgezogene und simulierte Verläufe über gestrichelte Linien repräsentiert. In den folgenden Abbildungen werden dazu im ersten Teilbereich einer Abbildung die vier mittleren Strukturtemperaturen des X-, Y- und Z-Schlittens sowie des Bettes dargestellt. Dazu wird der Mittelwert über alle Messpunkte auf den jeweiligen Strukturbauteilen ermittelt (vgl. Tabelle 3.1). Diese vier Mitteltemperaturen werden in Kapitel 6 als Regelgrößen herangezogen, die es mithilfe des aktiven Kühlsystems auf einem konstanten Niveau zu halten gilt. Eine präzise Vorhersage ebendieser Größen ist deshalb von besonderer Bedeutung. Die Genauigkeit der Simulation wird durch den Mean Absolute Error (MAE) ausgedrückt.

Abbildung 4.18 zeigt die Ergebnisse der ersten Validierungsstufe. Durch die Öffnung des Hallentors im Winter für einen Zeitraum von ca. 3 Stunden konnte ein Sprung in der Umgebungstemperatur angenähert werden. Da die Maschine während des Versuchs ausgeschaltet war, war der Wärmeaustausch mit der Umgebung die einzige, signifikante Randbedingung, sodass eine isolierte Validierung von Konvektion und Strahlung erfolgen konnte. Die resultierenden Strukturtemperaturen konnten im Mittel mit einer absoluten Abweichung von 0,32 °C simulativ prognostiziert werden. Größere Abweichungen können unter anderem darauf zurückgeführt werden, dass erzwungene Strömungen durch Wind, der bei geöffnetem Hallentor durchaus zu erwarten ist, nicht abgebildet werden. Die Folge ist, dass die der Strömung ausgesetzten Bereiche der Maschine in der Simulation entsprechend weniger schnell abkühlen.

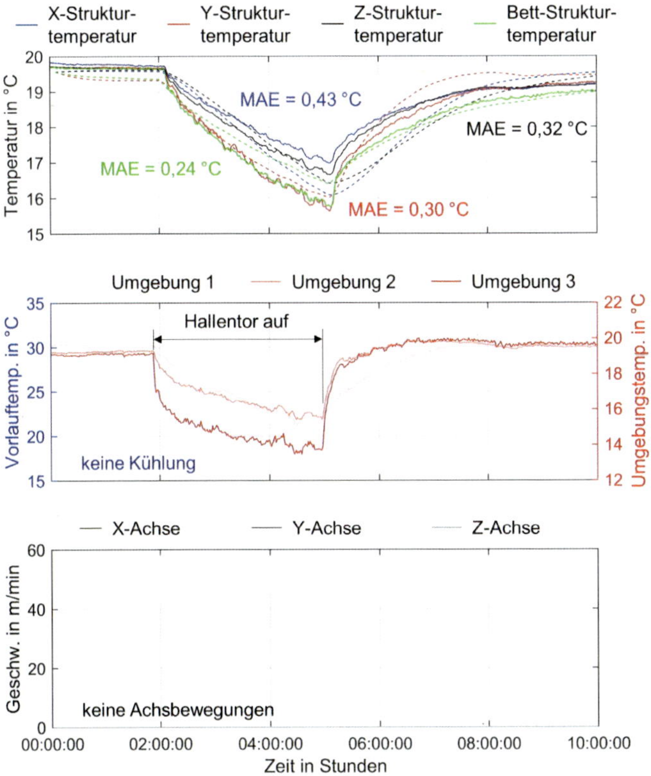

Abbildung 4.18: Stufe 1 der Modellvalidierung nach Tabelle 4.2

Stage 1 of model validation according to table 4.2

In Abbildung 4.19 sind die Ergebnisse bei zusätzlichem Einfluss des aktiven Kühlsystems dargestellt, wozu in den vier variablen Kühlkreisläufen (vgl. Abbildung 6.4 in Kapitel 6) unterschiedliche Vorlauftemperaturprofile aufgeprägt wurden. Die mittlere absolute Abweichung liegt in diesem Szenario bei 0,13 °C, was aufgrund des verringerten Einflusses der Umgebungstemperatur deutlich unter dem Wert der ersten Validierungsstufe liegt. Die Wirkung des aktiven Kühlsystems kann insgesamt gut abgebildet werden.

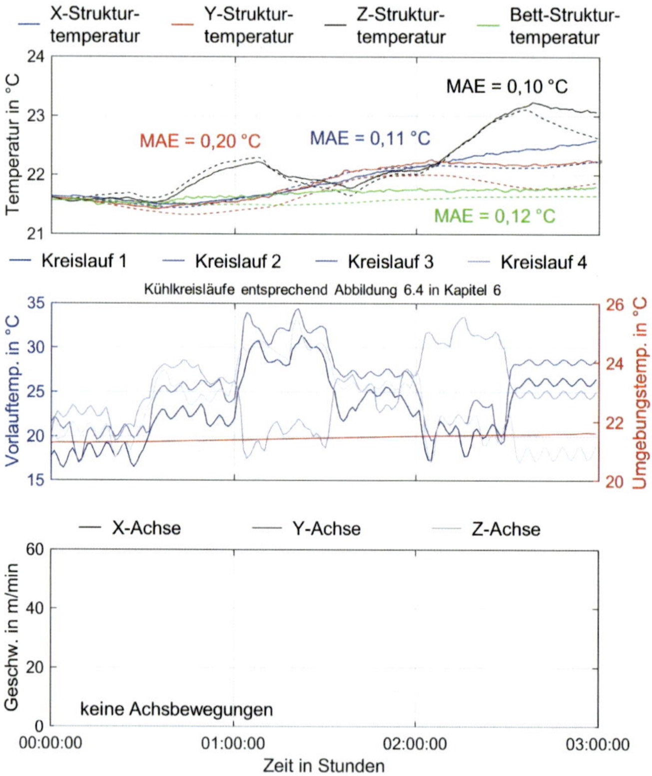

Abbildung 4.19: Stufe 2 der Modellvalidierung nach Tabelle 4.2
Stage 2 of model validation according to table 4.2

In der dritten Stufe der Validierung in Abbildung 4.20 kommt zusätzlich der Einfluss der sich in Regelung befindlichen elektrischen Antriebe bei eingeschalteter Maschine zur Geltung. Die Folge sind höhere Strukturtemperaturen. Das Kühlsystem arbeitete in diesem Versuch unter konstanten

Bedingungen, sodass sich ausgehend vom kalten Startzustand der Maschine ein Aufheizen in einen Beharrungszustand ergab. Insgesamt beläuft sich die mittlere absolute Abweichung zwischen gemessenen und simulierten Verläufen auf 0,15 °C.

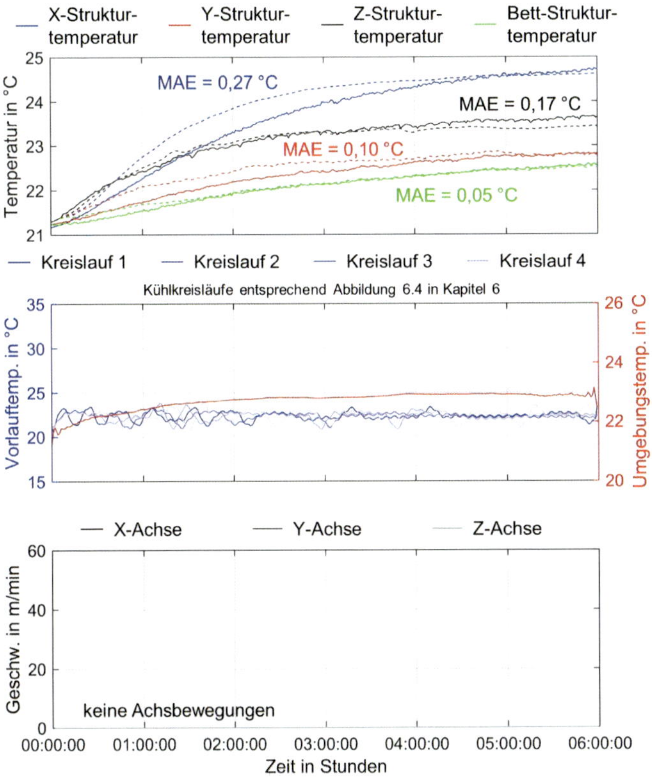

Abbildung 4.20: Stufe 3 der Modellvalidierung nach Tabelle 4.2

Stage 3 of model validation according to table 4.2

Im letzten Schritt des Validierungsprozesses wird zusätzlich der Einfluss von Achsbewegungen betrachtet. Im dargestellten Szenario in Abbildung 4.21 erreichen die MAE-Werte der mittleren Strukturtemperaturen Maximalwerte von 0,51 °C am X-Schlitten, was gleichzeitig dem höchsten Wert der vier Validierungsstufen entspricht.

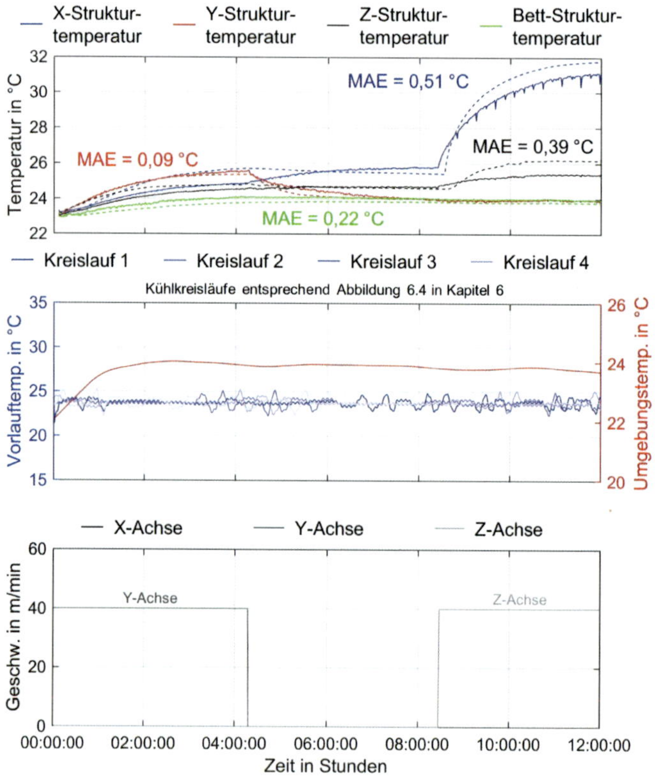

Abbildung 4.21: Stufe 4 der Modellvalidierung nach Tabelle 4.2
Stage 4 of model validation according to table 4.2

Die entwickelte Simulationsumgebung ist insgesamt in der Lage, das thermische Verhalten der betrachteten Werkzeugmaschine für ein weites Spektrum an Betriebs- und Randbedingungen sehr genau abzubilden, da mittlere absolute Abweichungen von unter 0,51 °C erreicht werden können. Neben dem Fokus auf eine hohe Modellgüte, erreicht über aufwändig parametrierte, häufig empirische Teilmodelle zum Abbilden thermischer Randbedingungen, können durch den Einsatz von MOR-Methoden vergleichsweise kurze Rechenzeiten umgesetzt werden. Kurze Simulationsdauern ermöglichen zwar die effiziente Bereitstellung großer Trainingsdatensätze innerhalb kurzer Zeit, erlauben allerdings keinen prozessparallelen Einsatz des Modells eingebettet in eine Regelungsstruktur.

5 Prozessbegleitende Berechnung des thermischen Verhaltens

Process-parallel calculation of thermic behavior

Ein wirksam die Bearbeitungsgenauigkeit verbessernder Eingriff in den Betrieb der aktiven Kühlsysteme einer Werkzeugmaschine erfordert die Fähigkeit, das thermische Systemverhalten beschreiben zu können, um auf dieser Grundlage laufend optimierte Kühlparameter bereitstellen zu können. Dass White-Box-Modelle für die Berechnung ebendieses Systemverhaltens ebenso wie messtechnische Untersuchungen herangezogen werden können, ist in Kapitel 4 dokumentiert. Kurze Reaktionszeiten im Kontext eines regelungstechnischen Ansatzes setzen allerdings eine in situ-Berechnung, also eine prozessparallele Ermittlung des thermischen Verhaltens während der Betriebsphase, voraus. Aufgrund des nichtlinearen, zeitvarianten Systemverhaltens ist eine geschlossene, analytische Lösung nicht möglich, weshalb eine laufende Ermittlung optimaler Kühlparameter basierend auf der tatsächlichen Maschinennutzung stets eine numerische Lösung des zugrundeliegenden Optimierungsproblems erfordert. Für den prozessparallelen Einsatz wird deshalb ein performantes Black-Box-Ersatzmodell, auch Surrogate-Modell genannt, aufgebaut, das diesen Anforderungen gerecht wird. Die beschriebene White-Box-Black-Box-Modellkopplung ist in Abbildung 5.1 visualisiert.

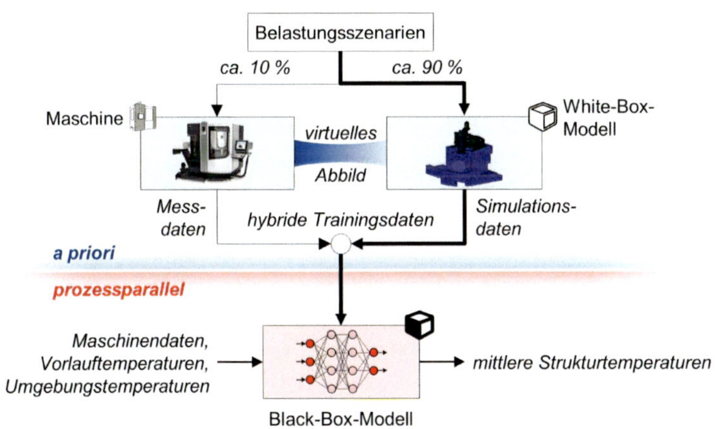

Abbildung 5.1: White-Box-Black-Box-Modellkopplung zum Aufbau eines Ersatzmodells
White-box-black-box model coupling to set up a a substitute model

Durch den a priori stattfindenden Aufbau einer hybriden Trainingsbasis aus Mess- und Simulationsdaten soll ein Kompromiss aus Genauigkeit und Aufwand in der Generierung der Daten gefunden werden, um im Anschluss das Black-Box- bzw. Surrogate-Modell mit einem großen Spektrum gelabelter Daten, also verknüpfter Eingangs- und Ausgangsdaten, trainieren zu können. Das derartig parametrierte Black-Box-Ersatzmodell kann im Anschluss prozessparallel als Kern der modellprädiktiven Regelung (vgl. Kapitel 6) fungieren.
Nach Abbildung 5.2 ist Kapitel 5 dazu in drei Unterkapitel gegliedert, welche sich dem Zusammenstellen der hybriden Trainingsdatenbasis, dem Aufbau des Black-Box-Ersatzmodells und einer abschließenden Validierung des vorgestellten Modellierungsansatzes widmen.

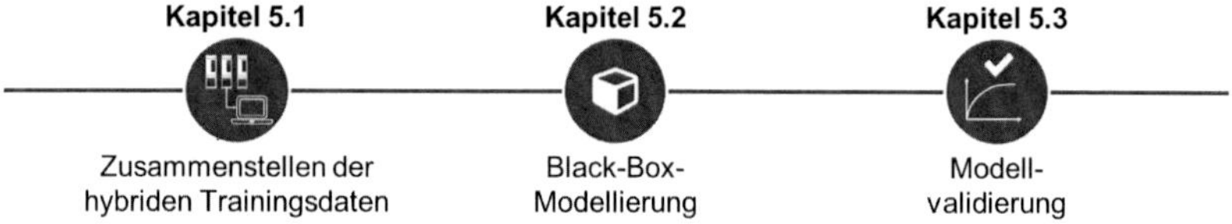

Abbildung 5.2: Unterkapitel von Kapitel 5 und deren Inhalte
Subchapters of chapter 5 and their contents

5.1 Zusammenstellen der hybriden Trainingsdaten

Composition of the hybrid training data

Die hybriden Trainingsdaten des Black-Box-Modells setzen sich aus Mess- und Simulationsdaten zusammen, die wiederum aus homogen strukturierten, gelabelten Datensätzen aus Ein- und Ausgangsdaten bestehen. In diesem Kapitel folgt deshalb eine genaue Beschreibung dieser Datenstrukturen.

5.1.1 Eingangs- und Ausgangsdaten des Black-Box-Modells

Input and output data of the black-box model

Bei Betrachtung der thermo-energetischen Wirkkette in Abbildung 2.1 im Stand der Technik wird deutlich, dass theoretisch eine Vielzahl an physikalischen Größen in Frage kommt, um als Eingangsdaten für ein Modell zur Bestimmung der Strukturtemperaturen, also des thermischen Verhaltens, als Ausgangsdaten zu dienen. Um die Praxistauglichkeit der zu entwickelnden Lösung zu maximieren, ist der Einsatz externer Messtechnik zu minimieren, weshalb insbesondere maschineninterne Daten als Bestandteil der Eingangsdaten herangezogen werden. Da allerdings sowohl die Vorlauftemperaturen der Kühlkreisläufe als auch die Umgebungstemperaturen entscheidend Einfluss auf den thermischen Haushalt einer Werkzeugmaschine nehmen, sind vereinzelt externe Sensoren, die nicht standardmäßig in Werkzeugmaschinen verbaut werden, als Quellen für die relevanten Eingangsdaten vorzusehen. Insgesamt setzen sich die Eingangsdaten zur Berechnung der mittleren Strukturtemperaturen somit aus drei Datenbereichen zusammen.

- maschineninterne Daten
- Vorlauftemperaturen der vier Kühlkreisläufe
- Umgebungstemperaturen

Bei **maschineninternen Daten** handelt es sich im weitesten Sinne um Informationen, die ohne den Einsatz nachträglich applizierter Geräte innerhalb einer Maschine zur Verfügung stehen. Spätestens mit der Einführung von NC-Steuerungen und positionsgeregelten Vorschubachsen kam es zu einem verstärkten Einsatz intern verbauter Messtechnik. Über entsprechende Schnittstellen an der Maschinensteuerung stehen dem Anwender diese Daten und Messwerte zur Verfügung. Im vorliegenden Fall werden aus der Steuerung die Daten ausgelesen, die in direktem Bezug zum thermischen Verhalten der betrachteten Werkzeugmaschine stehen. Zum einen sind dies Vorschubgeschwindigkeiten in den drei translatorischen Achsen, da unter anderem die Reibungsverluste in den Führungen oder erzwungene Konvektion kausal mit der Geschwindigkeit in Zusammenhang stehen. Zum anderen ist die in den elektrischen Maschinen wirksame Stromstärke ein Indikator für die wirksamen Achslasten, die sich wiederum signifikant auf die Verlustleistungen in den Motoren auswirken. Da der Motor zum Antrieb des Z-Kugelgewindetriebs vergleichsweise weit außerhalb der Struktur positioniert ist und damit als untergeordnete thermische Randbedingung angesehen werden kann, werden lediglich die aufgenommenen Ströme der Linearmotoren in der X- und Y-Achse den Eingangsgrößen hinzugefügt. In der Summe ergeben sich somit fünf aus der Steuerung ausgelesene Maschinendaten, die in Tabelle 5.1 samt den zugehörigen NC-Variablen aufgelistet sind.

Tabelle 5.1: Teil 1 der Eingangsdaten: Maschineninterne Daten
Part 1 of the input data: Machine internal data

Eingangsdaten (Teil 1)

Nummer	Bezeichnung	NC-Variable
1	Geschwindigkeit der X-Achse	*actFeedRate-X1-1*
2	Geschwindigkeit der Y-Achse	*actFeedRate-Y1-2*
3	Geschwindigkeit der Z-Achse	*actFeedRate-Z1-3*
4	Strom des Linearmotors der X-Achse	*aaCurr-X1-1*
5	Strom des Linearmotors der Y-Achse	*aaCurr-Y1-2*

Für das Auslesen der Daten wird eine am WZL auf Basis der Kommunikationsbibliothek ACCON-AGLINK entwickelte und an die Gegebenheiten dieser Arbeit angepasste Trace-Software verwendet. Der Zugriff auf die in Tabelle 5.1 aufgelisteten Parameter geschieht über die X130-Schnittstelle der Numerical Control Unit (NCU) der SINUMERIK 840D sl.

Als weitere Eingangsdaten dienen die **Vorlauftemperaturen der vier Kühlkreisläufe**, die dazu über extern applizierte Sensorik erfasst werden. Eine Vorstellung des externen Kühlaggregats samt zugehöriger Messtechnik als hardwareseitige Grundlage eines zeitlich und räumlich bedarfsgerecht arbeitenden Kühlsystems folgt in Kapitel 6.2.1. Die vier Vorlauftemperaturen bilden nach Tabelle 5.2 die Eingangsgrößen 6 bis 9.

Umgebungstemperaturen sind der dritte Bestandteil der Eingangsdaten und werden mithilfe externer Sensorik aufgezeichnet. Für eine ausreichend präzise Abbildung des Umgebungseinflusses sind nach Kapitel 4.2.4 Temperaturinformationen von drei Messstellen notwendig. Die Eingangsgrößen 10 bis 12 komplettieren somit die Eingangsdaten in Tabelle 5.2.

Tabelle 5.2: Teil 2 und 3 der Eingangsdaten: Vorlauftemperaturen der Kühlkreisläufe und Umgebungstemperaturen

Part 2 and 3 of the input data: Inlet temperatures of the cooling circuits and environmental temperatures

Eingangsdaten (Teil 2 und Teil 3)	
Nummer	Bezeichnung
6	Vorlauftemperatur von Kreislauf 1
7	Vorlauftemperatur von Kreislauf 2
8	Vorlauftemperatur von Kreislauf 3
9	Vorlauftemperatur von Kreislauf 4
10	Umgebungstemperatur 1
11	Umgebungstemperatur 2
12	Umgebungstemperatur 3

In Summe ergeben sich somit aus 12 Größen bestehende Eingangsdaten zur Berechnung des thermischen Maschinenverhaltens, welches wiederum über die vier bereits eingeführten gemittelten Strukturtemperaturen (vgl. Kapitel 3.3) als Ausgangsdaten repräsentiert wird.

Tabelle 5.3: Ausgangsdaten: Mitteltemperaturen der vier Strukturbauteile
Output data: Mean temperatures of the four structural parts

Ausgangsdaten	
Nummer	Bezeichnung
1	mittlere Strukturtemperatur des X-Schlittens
2	mittlere Strukturtemperatur des Y-Schlittens
3	mittlere Strukturtemperatur des Z-Schlittens
4	mittlere Strukturtemperatur des Bettes

5.1.2 Kombination von Mess- und Simulationsdaten

Combination of measurement and simulation data

Da die messtechnische Untersuchung von Werkzeugmaschinen in aller Regel mit einem Eingriff in den Produktionsbetrieb verbunden ist und darüber hinaus den Einsatz teurer Messtechnik erfordert, sollte der Bedarf an Messdaten minimiert und soweit möglich über simulativ bereitgestellte Daten abgedeckt werden. Um dennoch ein ganzheitliches Abbild sämtlicher thermisch relevanter Vorgänge zu erhalten, kann auch im Rahmen dieser Arbeit nicht auf eine direkte Messung des thermischen Verhaltens verzichtet werden. Sowohl Messungen als auch Simulationen zielen darauf ab, gelabelte Eingangs- und Ausgangsdaten entsprechend der Beschreibung im vorherigen Kapitel zu generieren. Nach Tabelle 5.4 werden drei messtechnische Untersuchungen durchgeführt, in welchen sowohl verschiedene Achsbewegungen als auch das aktive Kühlsystem durch gezielte Variation dieser Randbedingungen betrachtet werden. Die Messdaten werden ergänzt um Simulationsdaten, wobei zwei unterschiedliche Vorgehen zu deren Generierung verfolgt werden. Der erste Block besteht aus sechs Versuchsläufen, in welchen sämtliche Randbedingungen zufällig variiert werden. Dadurch entstehen beliebige, zufällig verteilte Kombinationen von Randbedingungen. Der zweite Block umfasst einen einzigen Dauerlauf, in dem die Randbedingungen nacheinander, stufenweise variiert werden, um die Einzeleinflüsse auf das thermische Verhalten isoliert abbilden zu können. In allen Mess- und Simulationsreihen findet grundsätzlich eine stufenweise Variation der Randbedingungen statt, da in Vorarbeiten bereits nachgewiesen werden konnte, dass das rampenweise Aufprägen der Randbedingungen für die Generierung von Trainingsdaten tendenziell ungeeignet ist.

Tabelle 5.4: Hybride Trainingsdaten, bestehend aus Mess- und Simulationsdaten
Hybrid training data consisting of measurement and simulation data

Versuch	Datenquelle	thermische Randbedingungen	Dauer
1.1	Messung	X-Y-Z-Diagonalfahrt	10 h
1.2	Messung	Stufen-Variation der Y-, Z-Geschwindigkeit und Kühlung	10 h
1.3	Messung	Stufen-Variation der Kühlung	10 h
2.1	Simulation	zufällige und gleichzeitige Stufen-Variation aller RB	30 h
2.2	Simulation	zufällige und gleichzeitige Stufen-Variation aller RB	30 h
2.3	Simulation	zufällige und gleichzeitige Stufen-Variation aller RB	30 h
2.4	Simulation	zufällige und gleichzeitige Stufen-Variation aller RB	30 h
2.5	Simulation	zufällige und gleichzeitige Stufen-Variation aller RB	30 h
2.6	Simulation	zufällige und gleichzeitige Stufen-Variation aller RB	30 h
2.7	Simulation	serielle Stufen-Variation aller RB	120 h
		Summe	**330 h**

Insgesamt ergibt sich somit eine Datenbasis, die einen Maschinenbetrieb von in Summe 330 Stunden umfasst, wovon 30 Stunden, also ca. 9 % der Gesamtzeit, über reale Versuche und 300 Stunden über Simulationsstudien bereitgestellt werden. Bei konservativer Annahme eines Maschinenstundensatzes von 100 €/h resultiert aus der virtuellen Generierung von 300 Stunden Versuchsdaten mithilfe des Simulationsmodells eine Einsparung von 30.000 €. Opportunitätskosten, die durch die Belegung der Maschine entstehen, sind dabei noch nicht eingerechnet. Der Simulationsansatz birgt darüber hinaus das Potenzial einer nachgelagerten Datengenerierung, wenn die Maschine beispielsweise bereits beim Endanwender aufgebaut ist. Während die messtechnischen Untersuchungen im Rahmen der Endabnahme beim Maschinenhersteller erfolgen können, erlaubt das Simulationsmodell eine flexible, an die Anforderungen des Endanwenders angepasste Bereitstellung weiterer Daten. Zum einen können im Simulationsmodell beliebige thermische Randbedingungen und damit letztendlich Prozesse und Prozessfolgen abgebildet werden. Zum anderen können interessante Lastbereiche sehr hoch aufgelöst werden.

Im letzten Schritt findet ein Datensampling statt, in welchem die Eingangs- und Ausgangsdaten aus allen Versuchsreihen und aus allen Datenquellen auf eine Taktrate von einer Minute heruntergerechnet werden. Dazu findet eine Berechnung des Mittelwerts aller höherfrequent aufgezeichneten Datensätze statt.

Die Zielsetzung im nächsten Schritt ist der Aufbau eines Black-Box-Ersatzmodells auf Grundlage der verfügbaren hybriden Datenbasis.

5.2 Black-Box-Modellierung des Systemverhaltens

Black-box modeling of the system behavior

Wie im Stand der Technik und Forschung bereits dargelegt wurde (vgl. Kapitel 2.3.1), kommen Black-Box-Modelle bereits seit einigen Jahrzehnten als thermo-elastische Korrekturmodelle im Werkzeugmaschinenbau zum Einsatz, wobei derartige Modelle bisher jedoch selten Einzug in die industrielle Anwendung gefunden haben. Da im Normalfall eine vergleichsweise geringe messtechnische Datenbasis die Trainingsgrundlage bildet, sind Vertreter dieser Modellgattung nur bedingt extrapolationsfähig, was den Einsatzbereich im Wesentlichen auf den Trainingsbereich einschränkt. Demgegenüber steht der Vorteil der kurzen Rechenzeiten. Im Gegensatz zu White-Box-Modellen, die letztendlich aus einer Vielzahl verschachtelter Teilmodelle zur Berücksichtigung aller thermischen Randbedingungen bestehen, sorgen die mathematischen Formulierungen in Black-Box-Modellen für vergleichsweise zeiteffiziente Berechnungsabläufe.
In Vorarbeiten des *SFB/TR 96* wurden KNN zur Beschreibung des thermo-elastischen Verhaltens von Werkzeugmaschinenspindeln bereits erfolgreich eingesetzt, weshalb auch im Rahmen dieser Arbeit auf ein KNN als ein Vertreter überwachter Lernalgorithmen für Regressionsprobleme zurückgegriffen wird.

5.2.1 Grundlagen und Funktionsweise künstlicher neuronaler Netze

Basics and functionality of artificial neural networks

KNN bestehen aus miteinander verbundenen Neuronen, die in unterschiedlichen Ebenen angeordnet sind (vgl. Abbildung 5.3). Im einfachsten Fall werden die Modelleingänge ausgehend von der Eingabeschicht über verdeckte Schichten (engl. *Hidden Layer*) hinweg zu den in der Ausgabeschicht vorliegenden Modellausgängen verarbeitet. Das Übertragungsverhalten eines KNN ist somit abhängig von der Netzarchitektur, die unter anderem über zu definierende Hyperparameter festgelegt wird. Wichtige Hyperparameter eines Netzes sind beispielsweise die Anzahl verdeckter Schichten oder die Anzahl an Neuronen pro Schicht.

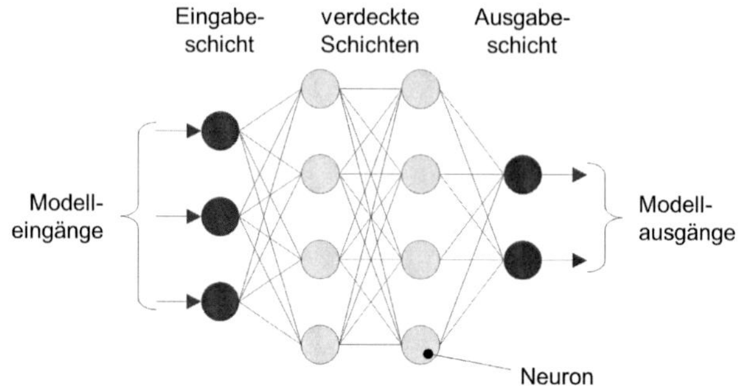

Abbildung 5.3: Aufbau eines beispielhaften künstlichen neuronalen Netzes
Strucuture of an exemplary artificial neural netowrk

Darüber hinaus nimmt das Übertragungsverhalten eines der Neuronen maßgeblich Einfluss auf das Übertragungsverhalten eines KNN. In Abbildung 5.4 ist der grundsätzliche Aufbau eines Neurons mit den wichtigsten Elementen, die das mathematische Übertragungsverhalten in Formel 5.1 beeinflussen, dargestellt. Die einzelnen Eingänge x_i werden mit den Gewichten w_i skaliert und mit einem Schwellwert b_i (engl. *Bias*) zusammengefasst. Die Summe der so verrechneten Eingangsgrößen wird im Anschluss mithilfe der Aktivierungsfunktion in den Neuronenausgang y überführt. Über die Aktivierungsfunktion können in das KNN beispielsweise nichtlineare Übertragungseigenschaften integriert werden.

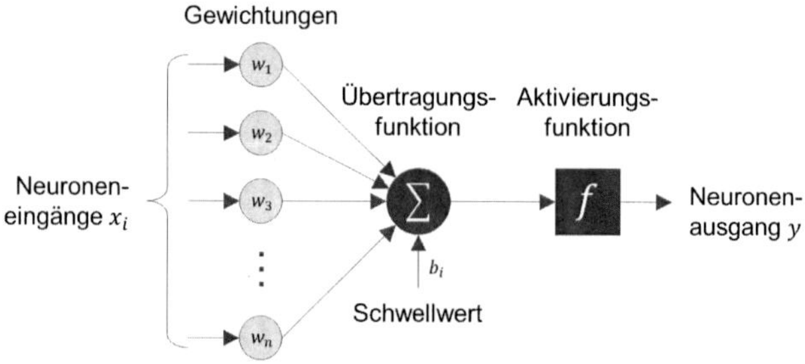

Abbildung 5.4: Aufbau und mathematisches Übertragungsverhalten eines Neurons
Structure and mathematical transfer behavior of a neuron

$$y = f\Big(\sum_{i=1}^{n} x_i \cdot w_i + b_i\Big) \tag{5.1}$$

Bei dem in Abbildung 5.3 skizzierten KNN handelt es sich um ein vorwärtsgerichtetes Netz (engl. *Feedforward Neural Network*), da Zwischenergebnisse innerhalb des Netzes stets unidirektional verarbeitet werden. Im Falle rückgekoppelter bzw. rekurrenter KNN werden Neuronen- oder Netzausgänge zurückgeleitet und dienen damit gleichzeitig als Eingang. Über sogenannte Delay-Elemente können Zeitverzögerungen eingebaut werden, sodass ein Berechnungsergebnis beispielsweise als Eingang für den nächsten oder übernächsten Berechnungsschritt dienen kann. Für die Parametrierung eines Netzes im Rahmen des Trainings wird ein gelabelter Trainingsdatensatz benötigt, der zusammengehörige Modelleingangs- und Modellausgangsdaten beinhaltet.

5.2.2 Modellaufbau

Model structure

Die Definition einer geeigneten Netzarchitektur kann für den vorliegenden Anwendungsfall durch die Analyse der relevanten Wirkzusammenhänge erfolgen. Nach Formel 4.20 ergibt sich das gesuchte Temperaturfeld im Rahmen einer transienten Berechnung immer auch aus dem vorherigen Zeitschritt. Darüber hinaus spielen thermische Randbedingungen eine wichtige Rolle, die häufig eine nichtlineare Charakteristik aufweisen. Diese Eigenschaften legen nahe, dass ein sogenanntes NARX-Netz, abgeleitet von der englischen Bezeichnung *Nonlinear Autoregressive Exogenous Model*, den Anforderungen gerecht wird. Das NARX-Netz ist ein Vertreter der rekurrenten KNN, wobei die Netzausgänge, im vorliegenden Fall also Temperaturwerte, auf die erste verdeckte Ebene rückgekoppelt werden. Die Vervollständigung der Netzarchitektur und die Definition der Hyperparameter geschieht in zwei Schritten, um den Aufwand zur Findung eines geeigneten KNN zu reduzieren. Darüber hinaus besteht das Ziel vielmehr in der Identifikation einer generell geeigneten Modellarchitektur als in der einmaligen Parametrierung eines individuellen, maßgeschneiderten KNN.
In den nachfolgend aufgeführten Schritten werden unterschiedliche Bestandteile der Netzarchitektur analysiert und parametriert:

- Schritt 1: Lernverfahren, Trainingsdatenstruktur und Aktivierungsfunktion
- Schritt 2: Anzahl verdeckter Ebenen, Anzahl der Neuronen pro Ebene sowie Input- und Feedbackdelay

Für die Untersuchung des Einflusses des **Lernverfahrens**, der **Trainingsdatenstruktur** und der **Aktivierungsfunktion** (Schritt 1) wurde eine am WZL entwickelte thermo-mechanische Spindelsimulation herangezogen [BREC19a; BREC20; BREC21; BRED23]. Im Rahmen der Analyse wurden Netze mit einer oder zwei verdeckten Ebenen und jeweils fünf bis 14 Neuronen pro verdeckter Ebene betrachtet.
Im Falle des Lernverfahrens konnte sich die Bayesianische Regularisierung gegenüber dem

Levenberg-Marquard-Verfahren, dem Gradientenverfahren, dem Verfahren der konjugierten Gradienten und dem Resilient Backpropagation-Verfahren deutlich behaupten. Mithilfe dieses Trainingsansatzes wurden die geringsten mittleren Abweichungen bei den gleichzeitig niedrigsten Trainingsdauern erreicht.
Zur Quantifizierung des Einflusses der Trainingsdatenstruktur wurden stufenartige, zufällig verteilte und rampenartige Eingangsgrößen betrachtet. Während das thermische Verhalten bei einem Training mit Temperaturverläufen, die über stufenartige oder zufällig verteilte Eingangsdaten generiert wurden, sehr gut approximiert werden konnte, eigneten sich über Lastrampen ermittelte Verläufe nicht für das Training.
Bei einer vergleichenden Gegenüberstellung von Aktivierungsfunktionen konnte herausgefunden werden, dass die Satlins-Funktion, also ein symmetrischer Linearübertrager mit Sättigung im negativen und positiven Bereich, selbst bei kleinen Netzen die besten Ergebnisse lieferte. Als weitere Aktivierungsfunktionen waren die Satlin-, Tansig-, Poslin- und Purelin-Funktionen Bestandteil des Untersuchungsrahmens. Außerdem zeigte sich, dass bereits mit einer verdeckten Ebene mit nur 10 Neuronen das thermische Verhalten der Motorspindel sehr gut abgebildet werden konnte.
Es kann somit zusammengefasst werden, dass NARX-Netze mit einer verdeckten Ebene mit vergleichsweise wenigen Neuronen mit Satlins-Aktivierungsfunktionen geeignet sind, um das thermische Verhalten einer Motorspindel für ein breites Spektrum an Lastfällen abzudecken. Ein Übertrag auf eine komplette Werkzeugmaschine mit einer anderen Anzahl an Ein- und Ausgangsgrößen macht allerdings eine Anpassung der Ebenen- und Neuronenzahl erforderlich. Darüber hinaus machen die größeren Wärmekapazitäten der Strukturbauteile eine Vergrößerung der Feedback-Delays erforderlich. Andere Hyperparameter wie das Lernverfahren oder die Aktivierungsfunktionen können aufgrund gleichbleibender physikalischer Wirkzusammenhänge beibehalten werden.

Die Festlegung der **Anzahl verdeckter Ebenen**, der **Anzahl der Neuronen pro Ebene** und der **Input- und Feedbackdelays** geschieht im zweiten Schritt mit der in Kapitel 5.1 vorgestellten hybriden Datenbasis.
Für das Training werden die in insgesamt 10 Datensätzen bereitstehenden Zeitreihendaten als Sequenzen betrachtet. Die drei über Messungen generierten Sequenzen werden in fünffacher Form dem Sequenzen-Pool beigefügt, was einer entsprechenden Gewichtung dieser Daten entspricht. Insgesamt liegen für das KNN-Training somit 22 Sequenzen vor. Im Rahmen der Hyperparameter-Optimierung werden Netze mit einer oder zwei verdeckten Ebene, acht bis zehn Neuronen pro Ebene, Inputdelays von 0 bis 1 sowie Feedbackdelays von 0 bis 4 miteinander verglichen. Das beste Ergebnis kann mit einer verdeckten Ebene mit zehn Neuronen, einem Inputdelay von 0,25 und einem Feedbackdelay von 1 erzielt werden. Das in Abbildung 5.5 dargestellte KNN weist mit einer verdeckten Ebene eine vergleichsweise einfache Struktur auf und fällt in die Kategorie der seichten Netze (engl. *Shallow Neural Network*).

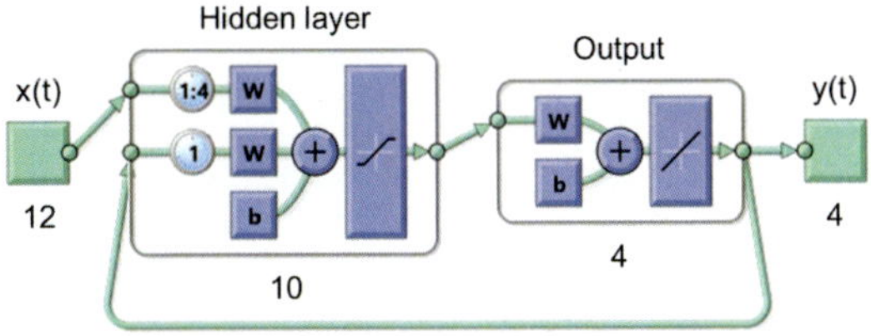

Abbildung 5.5: Finale Netzarchitektur zur Bestimmung des thermischen Maschinenverhaltens
Finale net architecture to determine the thermal machine behavior

Abbildung 5.6 zeigt, wie das Netz die in Tabelle 5.4 aufgelisteten Trainingsdaten nachbildet. Die über Messungen und Simulationen bereitgestellten Realdaten sind mit durchgezogenen Linien dargestellt, die Vorhersagen des KNN mit gestrichelten Linien. Da eine Unterscheidung anhand der Graphen teilweise schwierig ist, enthält Tabelle 5.5 die mittleren absoluten Abweichungen zwischen Real- und Prognosedaten des KNN. Wie man erkennt, werden die Ausgangsdaten sehr gut durch die Prognosedaten des KNN approximiert.

Tabelle 5.5: Abgleich zwischen den Trainingsdaten aus Tabelle 5.4 und der Prognose des KNN
Comparison of the training data of table 5.4 and the forecast of the ANN

Versuch	1.1	1.2	1.3	2.1	2.2	2.3	2.4	2.5	2.6	2.7
MAE in °C	0,08	0,11	0,07	0,17	0,09	0,17	0,14	0,11	0,14	0,07

Da das thermische Maschinenverhalten mithilfe des White-Box-Modells für praktisch beliebige Betriebsbedingungen bereitgestellt werden kann, ist die Extrapolationsfähigkeit des Netzes von zweitrangiger Bedeutung. Darüber hinaus stellt eine große, vielfältige Trainingsdatenbasis bei einer vergleichsweise einfachen Netzarchitektur sicher, dass Overfitting, also eine Überanpassung des Netzes an die Trainingsdaten, vermieden werden kann.

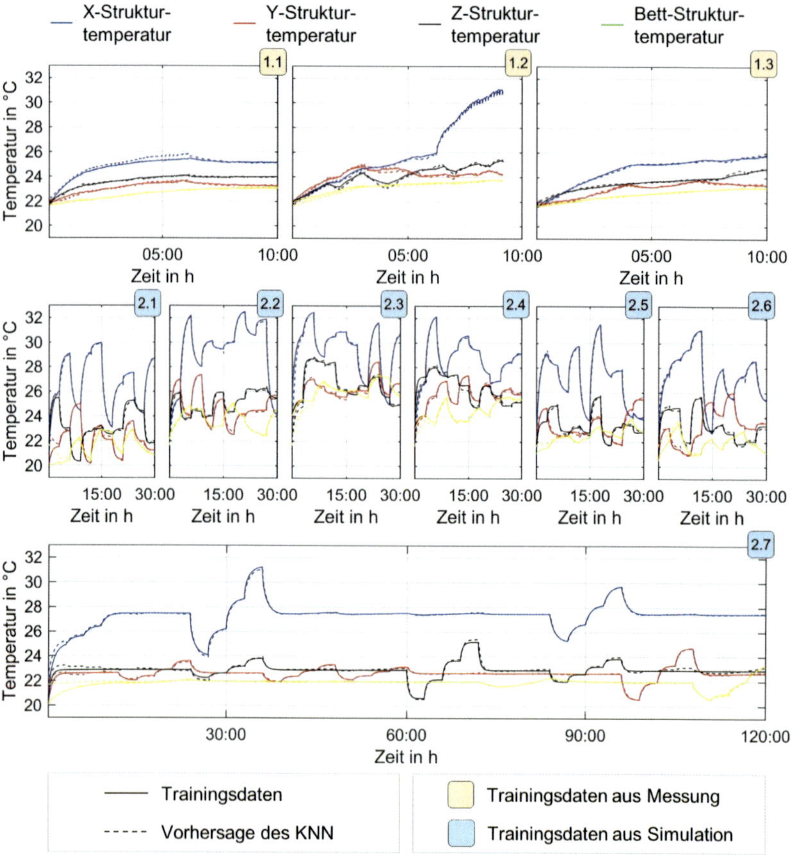

Abbildung 5.6: Trainingsdaten und Vorhersage des KNN
Training data and prediction of the ANN

Den Abschluss des Kapitels bildet eine Gegenüberstellung der benötigten Zeiten zur Ermittlung des thermischen Maschinenverhaltens über eine messtechnische Untersuchung, über das White-Box-Modell sowie über das entwickelte KNN bzw. Black-Box-Ersatzmodell. Die in Tabelle 5.6 angegebenen Werte für den relativen Ermittlungsaufwand entsprechen dem Quotienten aus der für die Datengenerierung benötigten Zeit und der Dauer des Versuchslaufs. Im Falle einer Datengenerierung im Rahmen einer messtechnischen Untersuchung, der Bezugsgröße, liegt der

Wert bei 1. Im Gegensatz dazu erlaubt die virtuelle Datengenerierung mithilfe des White-Box-Modells sowie des KNN eine deutlich beschleunigte Datengenerierung.

Tabelle 5.6: Relative Ermittlungsaufwände zur Datengenerierung verschiedener Quellen
Relative investigation efforts for data generation of different sources

Messung	White-Box-Modell	Black-Box-Ersatzmodell
1,00	0,06	0,00000114

Das White-Box-Modell unterbietet den realen Versuch ungefähr um den Faktor 17. Im Rahmen eines prozessparallelen Einsatzes des Modells könnte innerhalb einer Minute zwar ein thermischer Look-ahead, also die Vorausschau des zukünftigen thermischen Verhaltens, von 17 Minuten durchgeführt werden. Komplexere Anwendungen, die ein deutlich häufigeres Lösen erfordern, können mithilfe des White-Box-Modells allerdings nicht umgesetzt werden. Das KNN hingegen ist um den Faktor 877.190 schneller als ein realer Versuch und um den Faktor 52.632 schneller als das White-Box-Modell. Es erreicht damit die nötige Performanz, um beispielsweise im prozessparallelen Einsatz in iterativ arbeitenden Optimierern (vgl. Kapitel 6.3.1) eingesetzt zu werden.

6 Modellprädiktive Regelung des aktiven Kühlsystems

Model predictive control of the active cooling system

Eine mithilfe der thermischen Simulationsumgebung (Kapitel 4) bereitgestellte Datenbasis kann durch Hinzuziehen von Methoden der künstlichen Intelligenz in ein schnellrechnendes Systemmodell (Kapitel 5) der betrachteten Demonstratormaschine überführt werden. Im Rahmen von Kapitel 6 findet die Einbettung dieses Modells in eine Regelungsarchitektur für einen bedarfsgerechten Betrieb des aktiven Kühlsystems statt. Das Vorgehen dazu gliedert sich in die in Abbildung 6.1 dargestellten Unterkapitel. Nach einem kurzen Einschub zu den theoretischen Grundlagen einer modellprädiktiven Regelung (Model Predictive Control, MPC) werden neben der hard- und softwareseitigen Erweiterung des Demonstrators der Aufbau der modellprädiktiven Regelungsarchitektur und eine abschließende Validierung und Bewertung erläutert.

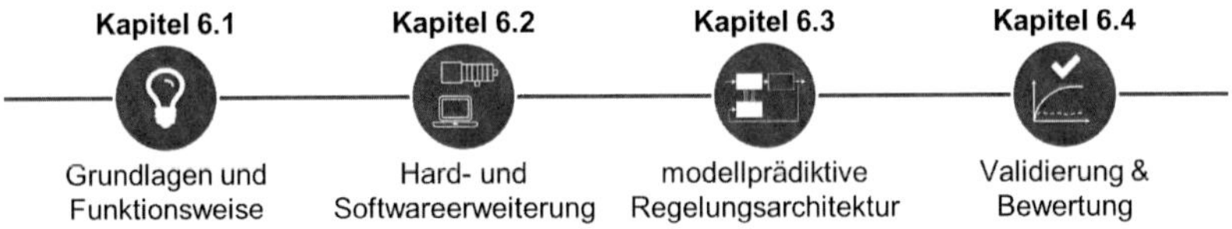

Abbildung 6.1: Unterkapitel von Kapitel 6 und deren Inhalte
Subchapters of chapter 6 and their contents

6.1 Grundlagen und Funktionsweise der modellprädiktiven Regelung

Fundamentals and functionality of model predictive control

In einer Vielzahl technischer Anwendungen können mithilfe von konventionellen PID-Reglern in verschiedensten Ausführungen, beispielsweise mit Störgrößen-Aufschaltung oder in kaskadierter Verschachtelung, Prozesse effektiv geregelt werden. An seine Grenzen stößt ein PID-Regler in der Regel dann, wenn das den Regelgrößen zugrundeliegende System nichtlinearer Natur ist, komplexe Wechselwirkungen zwischen den Eingangsgrößen aufweist und totzeitbehaftet ist [DITT04]. Die Ursprünge der MPC liegen in den 1970er Jahren, als erstmals linearisierte Prozessmodelle in Regelungsarchitekturen integriert wurden, um schnellere und robustere Regler entwerfen zu können [RICH78; CUTL79]. Seit ungefähr 20 Jahren findet die MPC, getrieben durch die Verfügbarkeit leistungsfähiger Computer einerseits und neue Möglichkeiten der

Prozessmodellierung andererseits, zunehmend Einzug in ein breiter werdendes Spektrum von Anwendungen [SCHW21].

Aufgrund einer vergleichsweise losen Definition verbirgt sich hinter der Bezeichnung MPC eine Vielzahl an Regelungsstrategien, die nach [DITT04] folgende Grundfunktionen aufweisen:

- Prädiktion der Regelabweichung mithilfe eines Systemmodells
- Dynamische Optimierung der Stellgrößen
- Verschieben des Regelzeitraums nach dem Prinzip des gleitenden Horizonts
- Fortlaufende Korrektur der Vorhersage basierend auf aktuellen Messwerten

Die aufgelisteten Grundfunktionen können anhand des Blockschaltbilds in Abbildung 6.2 nachempfunden werden. Darin repräsentiert das System das Prozessverhalten auf der Regelstrecke, welches die Stellgröße u zusammen mit weiteren möglichen Eingangsgrößen in die Ausgangs- bzw. Regelgröße y überführt. Das eigentliche MPC-Modul besteht aus dem Systemmodell, also einem virtuellen Abbild des Prozessverhaltens, und dem Optimierer, die im Verbund für die Soll- bzw. Führungsgröße w eine optimale Stellgröße u bereitstellen.

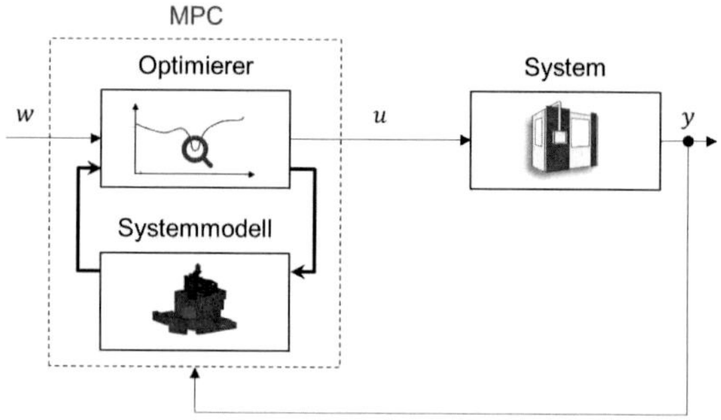

Abbildung 6.2: Blockschaltbild einer modellprädiktiven Regelung

Block diagram of a model predictive control

Die Verläufe in Abbildung 6.3 visualisieren diese Funktionsweise. Im dargestellten Beispiel bewegt sich die prädizierte Ausgangsgröße $\hat{y}$ deutlich aus dem Toleranzfenster um die Sollgröße w als Reaktion auf einen Sprung in der Eingangsgröße x. Mithilfe des Optimierers kann der Verlauf der Stellgröße u so definiert werden, dass sich eine optimierte, reale Ausgangsgröße y einstellt, deren Abweichung von der Sollgröße w minimal wird.

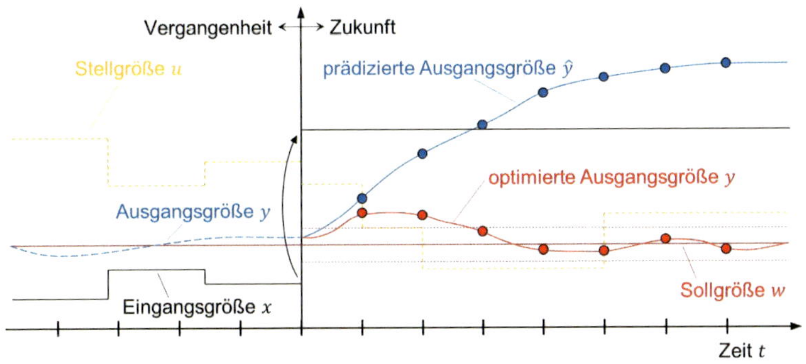

Abbildung 6.3: Verdeutlichung der Funktionsweise einer modellprädiktiven Regelung anhand zeitlicher Verläufe relevanter Größen

Illustration of the functioning of a model predictive control system on the basis of time histories of relevant variables

6.2 Hard- und softwareseitige Erweiterung des Demonstrators

Hardware and software extension of the demonstrator

Die Umsetzung einer MPC zur Regelung des aktiven Kühlsystems der Demonstratormaschine erfordert hard- und softwareseitige Modifikationen und Erweiterungen. Während die Entwicklung eines prozessparallel lauffähigen thermischen Systemmodells der Werkzeugmaschine bereits in den Kapiteln 4 und 5 abgehandelt wird, wird in Kapitel 6.2 die Hard- und Softwareinfrastruktur um dieses Modell herum betrachtet, sodass sich im Verbund das Gesamtsystem der MPC ergibt. Während sich Kapitel 6.2.1 mit dem Aufbau des Kühlaggregats bestehend aus Warm- und Kaltwasser-Reservoir, Kreiselpumpen und Sensorik beschäftigt, wird das System in Kapitel 6.2.2 um eine Infrastruktur zur Datenerfassung und -verarbeitung erweitert, um die Kommunikation zwischen den heterogenen Datenquellen umzusetzen. Kapitel 6.2.3 widmet sich dem Aufbau der Volumenstrom- und Vorlauftemperaturregelung, über welche die Kühlkreisläufe der Maschine mit definierten Kühlparametern versorgt werden können.

6.2.1 Kühlaggregat und Sensorik

Cooling unit and sensors

Im Ursprungszustand weist die Demonstratormaschine eine zentrale, ungeregelte Kreiselpumpe auf, die ein Wasser-Korrosionsschutzmittel-Gemisch durch ein verzweigtes System aus Kühlkreisläufen fördert. Das Fluidgemisch wird durch einen Durchlaufkühler in Zweipunktregelung innerhalb eines definierten Temperaturfensters vorgehalten. Die Volumenströme in den einzelnen Kühlkanälen stellen sich infolge der Strömungswiderstände ein. Da das System in dieser Form weder eine räumliche noch eine zeitliche Modifikation von Kühlparametern zulässt, war die Entwicklung eines neuen Kühlaggregats zwingend notwendig. Im Rahmen der Anpassung des Kühlsystems wird zwischen Kühlkreisläufen zur Kühlung elektrischer Maschinen und zur Temperierung von Strukturbauteilen unterschieden. Aus Sicherheitsgründen werden die elektrischen Maschinen (Hauptspindel, Tischbaugruppe, Primärteile der Linearmotoren, KGT-Motor) auch zukünftig weiterhin von der intern verbauten Zentralpumpe im Dauerbetrieb versorgt. Alle anderen Kühlkreisläufe (Kühlleisten am Y- und Z-Schlitten sowie Sekundärteile auf der Y-Achse und am Bett) werden an das neue Kühlaggregat angeschlossen, sodass sich insgesamt vier individuell einstellbare Kühlkreisläufe ergeben (vgl. Abbildung 6.4).

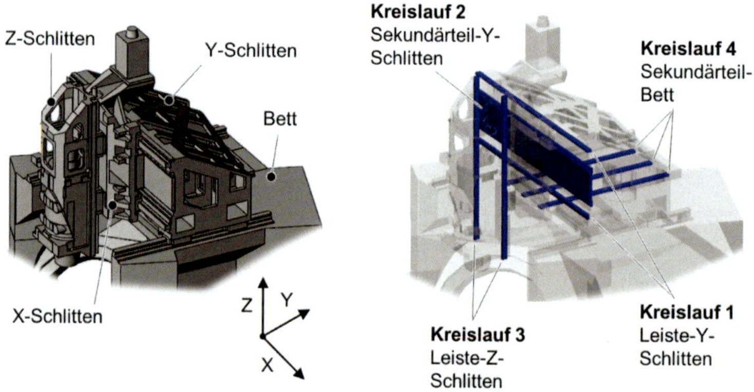

Abbildung 6.4: Lage der Kühlkreisläufe an den Strukturbauteilen der Demonstratormaschine
Location of the cooling circuits on the structural components of the demonstrator machine

Die vier in der Abbildung blau gekennzeichneten und benannten Kühlstrukturen ergeben durch Anbindung über Schläuche an das externe Kühlaggregat voneinander unabhängige Fluidkreisläufe. Dazu werden die Kreisläufe durch ein externes Kühlaggregat versorgt, das neben der Maschine positioniert ist. Das Kühlaggregat besteht unter anderem aus einem Warm- und einem Kaltwassertank der Fa. HYDAC. Bei beiden Wasserreservoirs können über entsprechende Heiz- bzw. Kühlelemente definierte Vorhaltetemperaturen eingestellt werden. Durch Mischung kalter und warmer Volumenströme lassen sich Zwischentemperaturen erzeugen. Das rückfließende Wasser wird dem Warmwassertank zugeführt, sodass die in der Maschine aufgenommenene Verlustleistung innerhalb des Kühlsystems verbleibt. Aufgrund der Ausführung des Warmwassertanks als isolierter Schichtspeicher ist somit ein verlustarmer Betrieb möglich.

Darüber hinaus sind Kreiselpumpen der Fa. GRUNDFOS, Frequenzumrichter der Fa. SIEMENS und 3-Wege-Kugelhähne mit ansteuerbaren Drehantrieben der Fa. BELIMO weitere Komponenten des Kühlaggregats. Temperatur- und Volumenstromsensoren der Fa. IFM erfassen die Ist-Kühlparameter in den Vorläufen. Eine Auflistung der verwendeten Hardware ist Tabelle 6.1 zu entnehmen. Das Kühlaggregat weist die darin aufgelisteten Komponenten in sechsfacher Ausführung auf, sodass bis zu sechs Kreisläufe parallel mit individuellen Kühlparametern versorgt werden können.

Tabelle 6.1: Hardware-Komponenten des Kühlaggregats
Hardware-Komponenten des Kühlaggregats

Beschreibung	Hersteller	Bezeichnung
Kreiselpumpe	GRUNDFOS	CM 1-5 A-R-A-E-AQQE F-B-A-N
Frequenzumrichter	SIEMENS	6SL3210-5BB17-5BV1
3-Wege-Kugelhahn	BELIMO	R3015-1-S1
Drehantrieb für Kugelhahn	BELIMO	LRQ24A-SR
Durchflusssensor	IFM	SM6000
Temperatursensor	IFM	TM5411

In Abbildung 6.5 ist das neu entwickelte Kühlaggregat mit den darin verbauten Hardware-Komponenten dargestellt.

Abbildung 6.5: Externes Kühlaggregat zum Ansteuern der Kühlkreisläufe der Maschine
External cooling unit to supply the cooling circuits of the machine

Von den insgesamt sechs Einheiten werden die ersten vier an die in Abbildung 6.4 dargestellten Kreisläufe angeschlossen. Die Einzelsysteme 5 und 6 werden in der aktuellen Konfiguration nicht verwendet. Die Frequenzumrichter zum Ansteuern der Pumpen sind in Abbildung 6.4 nicht sichtbar und befinden sich im Schaltschrank oberhalb des Gestells.

6.2.2 Datenerfassung und -verarbeitung

Data acquisition and processing

Die Datenerfassung und -verarbeitung umfasst die Aufzeichnung sämtlicher relevanter Daten auf der einen Seite und die notwendige Kommunikationsarchitektur zu deren kontinuierlichem Austausch auf der anderen Seite. Abbildung 6.6 gibt einen Überblick über die wichtigsten Elemente zur Datenerfassung und -verarbeitung. Die Schnittstelle zwischen Hard- und Software bilden Input- und Output-Klemmen (I/O-Klemmen) der Fa. BECKHOFF. Zum einen dienen sie der Aufnahme der Analogsignale der Strukturtemperatursensoren (vgl. Kapitel 3.3) und der Fluidsensoren (vgl. Kapitel 6.2.1). Zum anderen bieten sie die Möglichkeit, über analoge Spannungswerte definierte Vorgaben auf die Drehantriebe der Kugelhähne und die Frequenzumrichter der Kreiselpumpen aufschalten zu können. Ein BECKHOFF-Schaltschrank-Industrie-PC (IPC) kann über die Automatisierungssoftware TWINCAT mit dem Verbund aus EtherCAT-Koppler und I/O-Klemmen kommunizieren und sowohl digitale Signale auslesen als auch schreiben.

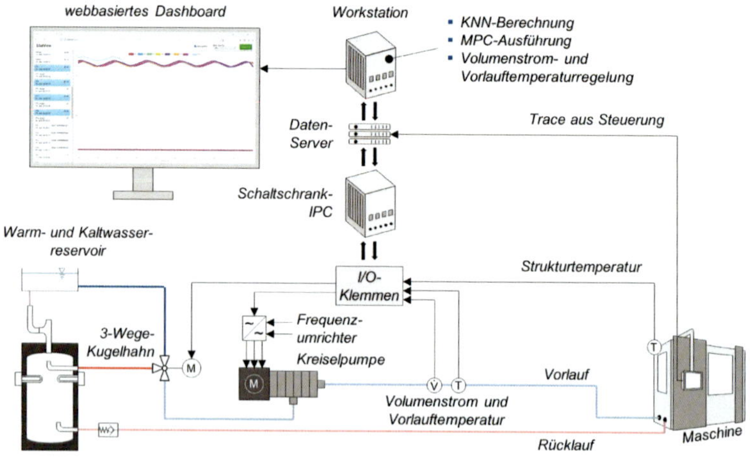

Abbildung 6.6: Medien- und Signalinfrastruktur zur Realisierung der MPC

Media and signal infrastructure for the realization of MPC

Ein vergleichsweise einfaches TwinCAT-Programm sorgt für den Datenaustausch mit einem Datenserver via TCP/IP. Der IPC fungiert somit als Gateway für die Datenweitergabe und dient nicht der Datenverarbeitung. Diese geschieht stattdessen auf einer weiteren Rechnereinheit, in Abbildung 6.6 als Workstation bezeichnet. Es handelt sich dabei um einen praktisch beliebigen Rechner, der Zugriff auf den Datenserver hat und sich dafür im Unternehmensnetzwerk befinden muss. Alle relevanten Schritte der Datenverarbeitung finden somit räumlich getrennt von der Demonstratormaschine statt und werden in der Programmierumgebung MATLAB umgesetzt. Insgesamt umfasst die Datenverarbeitung folgende Module, die in den weiteren Kapiteln im Detail dargestellt werden.

- Volumenstrom- und Vorlauftemperaturregelung (Kapitel 6.2.3)
- Ausführung der MPC unter Ausnutzung der KNN-basierten Berechnung des thermischen Maschinenverhaltens aus Live-Daten (Kapitel 6.3)

6.2.3 Volumenstrom- und Vorlauftemperaturregelung

Flow rate and inlet temperature control

Ein bedarfsgerechtes und energieeffizientes Temperieren setzt voraus, dass variable Volumenströme und Vorlauftemperaturen in definierten zeitlichen Profilen aufgeprägt werden können. Durch die Erweiterung der Infrastruktur um folgende zwei regelungstechnische Bausteine wird das System vervollständigt:

- Volumenstromregelung
- Vorlauftemperaturregelung

Im Falle der **Volumenstromregelung** werden die Volumenströme auf den Druckseiten der Kreiselpumpen als zentrale Regelgrößen messtechnisch erfasst, während die Frequenzumrichter der Aufschaltung adäquater Stellfrequenzen je Kreiselpumpe dienen. Da es sich prinzipbedingt um ein nahezu totzeitfreies System handelt, werden PID-Regler genutzt, wozu die P-, I- und D-Anteile schrittweise parametriert werden. Durch das schrittweise Vorgehen nach der Methode von Ziegler und Nichols wird das System über das Einstellen des P-Anteils im ersten Schritt an den Stabilitätsrand geschoben. Ein nachgeschaltetes Hinzufügen und Parametrieren des I- und D-Anteils sorgt für eine zeitliche Minimierung der Regelabweichung bzw. beschleunigte Reaktion im Falle von Änderungen der Regelabweichung.

Deutlich komplexer gestaltet sich die Umsetzung der **Vorlauftemperaturregelung**. Analog zu den Volumenstromsensoren sitzen die Vorlauftemperatursensoren unmittelbar hinter den Pumpen, während die ansteuerbaren Drehantriebe zum Einstellen des Verhältnisses von Warm- zu Kaltwasser aus Platzgründen auf den Saugseiten positioniert sind. Die aus dem konstruktiven Aufbau herrührende Totzeit stellt sich dabei in Abhängigkeit der Fließgeschwindigkeit, des Volumenstroms und der Leitungslänge ein. Anstelle von Standard-PID-Reglern, die angewendet auf totzeitbehaftete Systeme zum Überschwingen neigen, wird deshalb ein Totzeit-kompensierender Smith-Prädiktor eingesetzt. Nach Abbildung 6.7 kann der Smith-Prädiktor auf zwei Modelle zurückgreifen, deren Ausgänge für die Berechnung angepasster Regelabweichungen genutzt werden.

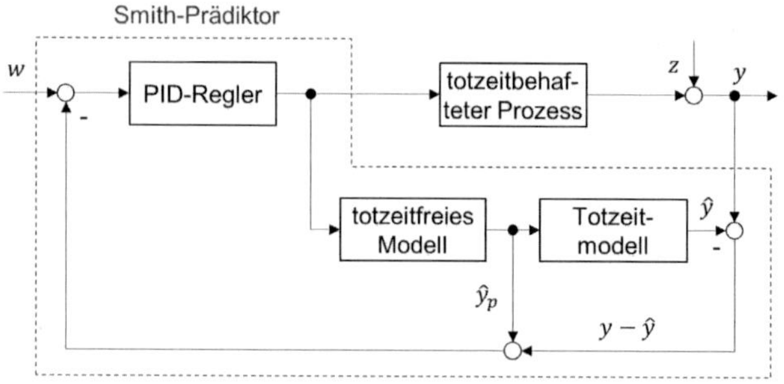

Abbildung 6.7: Blockschaltbild eines PID-Reglers mit Smith-Prädiktor

Block diagram of a PID controller with Smith predictor

Das totzeitfreie Modell beschreibt das Übertragungsverhalten der Stellgrößen, also den Winkelpositionen der Drehantriebe zum Ansteuern der Kugelhähne, hin zu den totzeitfreien Ausgangsgrößen $\hat{y}_p$, also den Vorlauftemperaturen im eingeschwungenen Zustand. Dieses Übertragungsverhalten ist abhängig von den Fluidtemperaturen im Warm- und Kaltwassertank sowie von der inneren geometrischen Beschaffenheit der 3-Wege-Kugelhähne. Im Inneren der Kugelhähne sorgt eine Rotation der mit einer Bohrung versehenen Kugel für ein sukzessives Freilegen oder Versperren der beiden Zuläufe, wobei sich geometriebedingt ein nichtlineares Verhalten zwischen Winkelposition und Warm-Kalt-Mischungsverhältnis einstellt. Bei dem Totzeitmodell handelt es sich um ein zeitliches Verzögerungsglied erster Ordnung zum Abbilden der Zeitverzögerung zwischen einer Änderung der Winkelposition am Kugelhahn und der messbaren Änderung der Vorlauftemperatur am dafür vorgesehenen Sensor. Die Verschaltung beider Modelle führt zu der modellierten Ausgangsgröße $\hat{y}$. Die Verrechnung mit der tatsächlichen Ausgangsgröße y liefert den Modellfehler $y - \hat{y}$. Dieser wird der totzeitfreien Ausgangsgröße $\hat{y}_p$ vor der Rückführung hinzugerechnet, um den Einfluss des Modellfehler zu minimieren.

Da eine analytische Berechnung des nichtlinearen Übertragungsverhaltens des Kugelhahns sehr aufwendig ist, geschieht die Parametrierung der Modelle mithilfe experimenteller Versuche. Dazu werden die Winkelpositionen der Drehantriebe schrittweise erhöht, um gleichzeitig die resultierenden Vorlauftemperaturen als Sprungantworten messtechnisch zu erfassen. Aus den zeitlichen Verläufen können im Anschluss sowohl die stationären Endwerte für die totzeitfreien Modelle als auch die Zeitkonstanten für die Totzeitmodelle je Kühlkreislauf gewonnen werden.

In Abbildung 6.8 sind die stationären Endtemperaturen in Abhängigkeit der Winkelpositionen der Drehantriebe dargestellt. Einerseits ist erkennbar, dass sich für die vier Kühlkreisläufe ähnliche Verläufe ergeben. Anderseits zeigen die durchgezogenen und gestrichelten Linien, dass das Systemverhalten abhängig von der Stellrichtung ist. Darüber hinaus reagiert das System insbesondere im Bereich zwischen 18 und 22° Stellwinkel besonders sensitiv auf Winkeländerungen. Die Minimal- und Maximaltemperaturen von 16 bzw. 35 °C entsprechen den Vorhaltetemperaturen im Kalt- bzw. Warmwassertank. Die sich aus den dargestellten Messdaten ergebenden totzeitfreien Modelle werden in tabellarischer Form im Reglermodul hinterlegt. Für die Zeitkonstanten und die darauf aufsetzenden Totzeitmodelle wird analog verfahren. Im Betrieb werden aus den Tabellen durch Interpolation die für eine Änderung der Vorlauftemperatur passende Winkelposition und die zu erwartende Zeitverzögerung extrahiert. Nach Abbildung 6.7 fließen diese Größen in die Regelung mit ein, wodurch trotz des Totzeit-Verhaltens eine vergleichsweise dynamische Regelung umgesetzt werden kann.

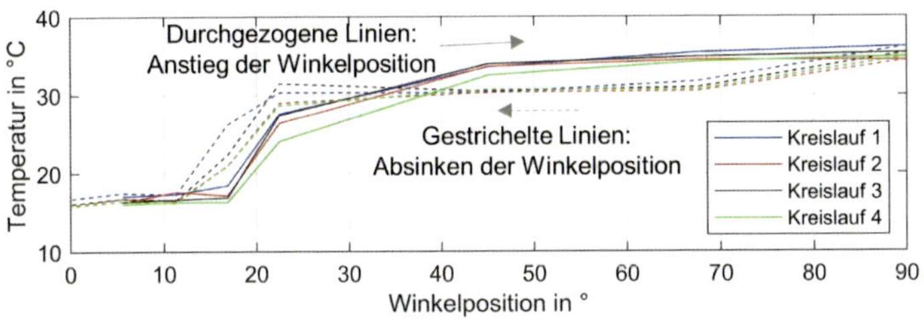

Abbildung 6.8: Stationäre Endtemperaturen in Abhängigkeit der Winkelpositionen der Drehantriebe für die vier Kühlkreisläufe

Stationary end temperatures as a function of the angular positions of the mixers for the four cooling circuits

Im Anschluss an das beschriebene Vorgehen zum Aufbau des Smith-Prädiktors kann eine Parametrierung der P-, I- und D-Anteile der PID-Regler erfolgen. Jeder Kühlkreislauf verfügt über seinen eigenen, individuellen Regler. Abbildung 6.9 enthält die Ergebnisse eines Testlaufs, in welchem den vier Kreisläufen über einen Zeitraum von drei Stunden unterschiedliche Sollvorlauftemperaturverläufe (blaue Linien) vorgegeben werden. Die Sollwerte je Kreislauf werden im 30-Minuten-Takt sprungartig verändert, sodass sich die dargestellten Stufenprofile ergeben. Die roten Verläufe zeigen die tatsächlichen Temperaturprofile, wobei diese im Mittel den Sollwertvorgaben entsprechen.

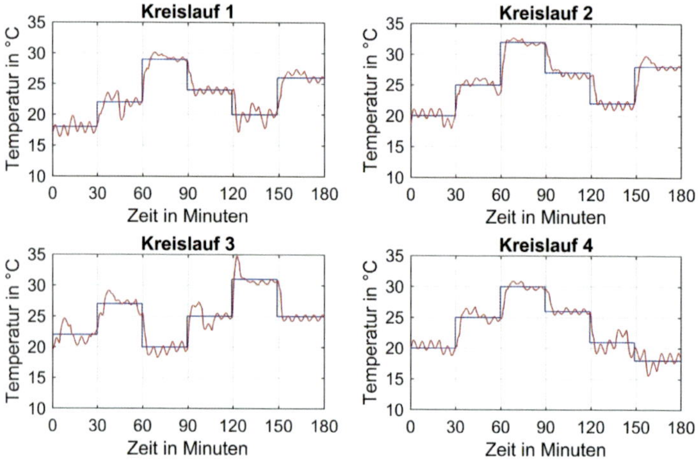

Abbildung 6.9: Soll- und Istvorlauftemperaturverläufe der vier Kühlkreisläufe für individuelle Sprungvorgaben

Targeted and actual flow temperature curves of the four cooling circuits for individual step specifications

Die realen Profile weisen periodische Schwankungen auf, die auf die Zweipunktregelung des Kaltwassertanks zurückzuführen sind. Während der Warmwassertank aufgrund der Ausführung als Schichtspeicher und der vergleichsweise großen Wassermenge eine ausreichend große Wärmekapazität und damit thermische Trägheit aufweist, schwankt die Temperatur im Kaltwassertank deutlich stärker. Eine Untersuchung dieses Phänomens im eingeschwungenen Zustand liefert eine Schwankungsamplitude von ca. ±0,6 °C bei einer Wellenlänge von 6 Minuten (vgl. Abbildung 6.10). Im Beispiel schwanken die Verläufe der vier Kreisläufe (alle in rot dargestellt) in gleichem Maße um den in blau eingezeichneten Sollwert von 23 °C.

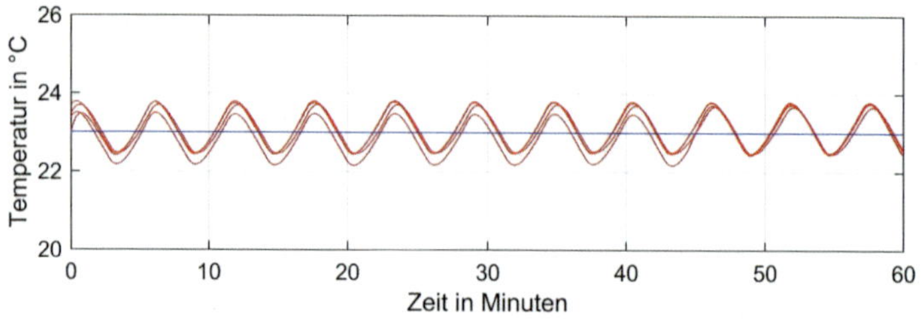

Abbildung 6.10: Schwankungen der Vorlauftemperaturen im eingeschwungenen Zustand

Cyclic fluctuations of the flow temperatures in steady-state condition

Das Verhalten ist insgesamt allerdings nicht als kritisch anzusehen, da die thermische Trägheit der Strukturbauteile tiefpassfilternd wirkt. Selbst bei der auf den ersten Blick niedrigen Schwankungsfrequenz ist der thermische Verstärkungsfaktor so gering, dass sich die Dynamik in den Vorlauftemperaturen praktisch nicht in den messtechnisch erfassten Strukturtemperaturen und der TCP-Verlagerung niederschlägt.

Zusammenfassend kann gesagt werden, dass das Kühlaggregat in der dargestellten hardwareseitigen Ausführung im Zusammenspiel mit den vorgestellten Regelungsstrategien gut geeignet ist, vorgegebene Kühlparameter umzusetzen. Es kann allerdings zu geringen temporären Abweichungen und auch Schwankungen im eingeschwungenen Zustand kommen. Ursächlich hierfür sind hydraulische Wechselwirkungen der Kühlkreisläufe sowie Temperaturschwankungen des vorgehaltenen Wassers im Warm- und Kaltwassertank. Eine weitere Verbesserung des System, wenn auch an dieser Stelle nicht zwingend erforderlich, kann durch eine vollständige hydraulische Entkopplung der Kühlkreisläufe und eine Vergrößerung der thermischen Trägheit des Warm- und Kaltwassertanks erreicht werden. Die Umsetzung einer hydraulischen Entkopplung über ausreichend dimensionierte Vorwiderstände hätte allerdings zur Folge, dass die verwendeten Kreiselpumpen außerhalb des Pumpenkennfelds zu betreiben wären, wovon im Dauerbetrieb grundsätzlich abzuraten ist. Stattdessen müsste in diesem Szenario aufgrund des ungünstigen Verhältnissen von Druckdifferenz zu Fördervolumenstrom ein anderer Pumpentyp herangezogen werden. Zielführender ist deshalb eine hydraulische Entkopplung über entsprechend große, drucklose Verteilerblöcke. Idealerweise werden alle Kühlkreisläufe unabhängig voneinander direkt mit dem Warm- und Kaltwassertank verbunden. Durch eine zusätzlich größere Ausführung des Tanks kann die thermische Trägheit vergrößert werden, wodurch die zyklischen Schwankungen im eingeschwungenen Zustand reduziert werden können.

6.3 Modellprädiktive Regelungsarchitektur

Model predictive control architecture

Die modellprädiktive Regelungsarchitektur umfasst alle Softwarebausteine und Algorithmen, die auf der bereits vorgestellten Kühlhardware aufsetzen und diese mit der notwendigen Intelligenz versehen, um das Ziel einer aktiven Regelung des thermischen Maschinenzustands zu erreichen.

6.3.1 Funktionsweise des Optimierers

Functionality of the optimizer

Die Aufgabe des Optimierer besteht darin, zeitliche Verläufe der Stellgrößen u so bereitzustellen, dass die Differenz der tatsächlichen Strukturtemperaturen y und der dazugehörigen Sollwerte w

minimiert wird. Die Strukturtemperaturen y hängen dabei sowohl von den Vorlauftemperaturen u, den Stellgrößen des thermischen Systems, als auch von den sonstigen Eingangsgrößen x ab. Zu den sonstigen Eingangsgrößen x zählen beispielsweise die Vorschubgeschwindigkeiten in den drei translatorischen Achsen oder die Umgebungstemperaturen. Die zu minimierende Regelabweichung e kann durch Formel 6.1 als Kostenfunktion $f(u,x)$ ausgedrückt werden. Die Bestimmung eines Minimums dieser Kostenfunktion geschieht im Rahmen der nichtlinearen Ausgleichsrechnung im Optimierer. Da die sonstigen Eingangsgrößen x eine Folge des Maschinenbetriebs sind, ist eine Anpassung dieser Größen nicht möglich. Die Vorlauftemperaturen u hingegen können frei gewählt werden und sind deshab die Stellgrößen des regelungstechnischen Systems.

$$e = w - y(u,x) := f(u,x) \longrightarrow \min ||f(u,x)||_2^2 \tag{6.1}$$

Aufgrund des zeitlichen Versatzes zwischen den Eingangsgrößen u und x und den Ausgangsgrößen y greift der Optimierer auf das KNN-basierte Systemmodell zurück und ist dadurch in der Lage, zeitverzögernde Effekte im Rahmen eines thermischen Look-ahead zu berücksichtigen (Formel 6.2). Dieses Grundprinzip einer MPC wird in Kapitel 6.1 vorgestellt.

$$y(u,x) = KNN(u,x) \tag{6.2}$$

Die im Rahmen der vorliegenden Arbeit entwickelte MPC arbeitet mit einem konstanten Regeltakt. In der Frequenz des Regeltakts werden Anpassungen an den Vorlauftemperaturen u vorgenommen. Zwischen zwei Anpassungen verbleiben die Vorlauftemperaturen, auch bei veränderten sonstigen Eingangsgrößen x, auf einem identischen, konstanten Niveau. Dadurch ergibt sich insgesamt ein stufenweises Profil in den zeitlichen Verläufen der Vorlauftemperaturen, wobei sich die feste Stufenweite aus dem Regeltakt ergibt. Die Berechnungsabläufe im Optimierer können anhand von Abbilung 6.11 nachvollzogen werden und werden im Folgenden im Detail erläutert.

Zu Beginn findet das **Verschieben des Horizonts** statt, womit das Zusammensetzen der Eingangsdaten aus Historien- und Zukunftsdaten gemeint ist. Die Prädiktion einer zukünftigen Regelabweichung im Rahmen des thermischen Look-aheads erfordert, dass ausgehend vom aktuellen thermischen Zustand zukünftige Vorgänge rechnerisch abgebildet werden. Der aktuelle thermische Zustand kann dazu aus der gesamten Historie an Eingangsdaten ($u_{\leftarrow}$ und $x_{\leftarrow}$) seit dem Start der Maschine im kalten und damit voll definierten Zustand ermittelt werden. Im Anschluss wird der Betrachtungshorizont in die Zukunft geschoben ($u_{\mapsto}$ und $x_{\mapsto}$), indem aktuell wirkende Eingangsdaten für die Dauer des thermischen Look-aheads als konstant angenommen und für die Dauer des Prognosehorizonts in die Zukunft projiziert werden, wie Abbildung 6.12 zeigt.

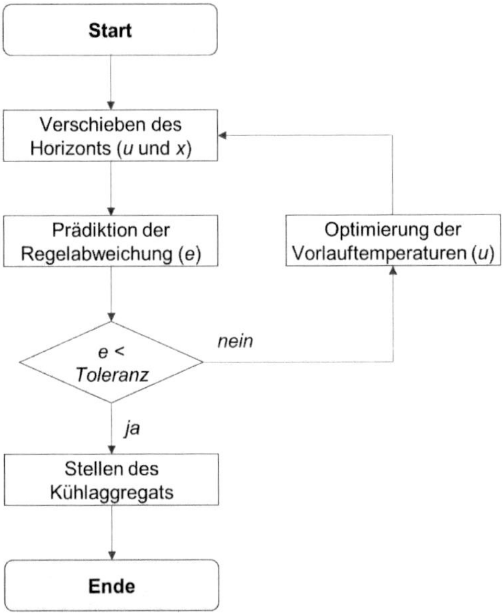

Abbildung 6.11: Flussdiagramm zur Darstellung des Berechnungsablaufs im Optimierer
Flow process chart for displaying the calculation process in the optimizer

Durch das Zusammensetzen ergeben sich somit Eingangsdaten u und x, die sowohl historische als auch zukünftige Verläufe enthalten (vgl. Formel 6.3).

$$\begin{aligned} u &= [u_{\leftarrow};\, u_{\mapsto}] \\ x &= [x_{\leftarrow};\, x_{\mapsto}] \end{aligned} \tag{6.3}$$

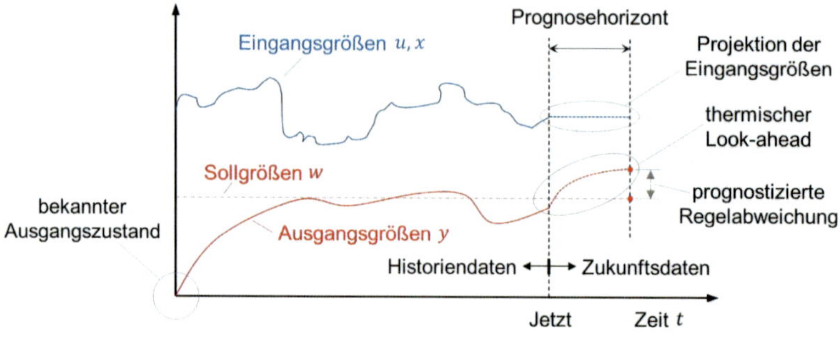

Abbildung 6.12: Zusammensetzen der Eingangsdaten aus Historien- und Zukunftsdaten
Composition of input data from historical and future data

Im Rahmen der **Prädiktion der Regelabweichung** wird aus den zuvor zusammengesetzten Eingangsdaten mithilfe des KNN eine prognostizierte Regelabweichung berechnet. Detaillierte Informationen rund um die Entwicklung und den Einsatz des KNN können Kapitel 5 entnommen werden. Liegt die Regelabweichung für jedes der vier betrachteten Strukturbauteile unterhalb eines Grenzwerts, ist keine weitere Optimierung notwendig. Im Regelfall weichen die zukünftigen Strukturtemperaturen im ersten Iterationsschritt allerdings deutlich von den Sollwerten ab.

In diesem Szenario ist eine **Optimierung der Vorlauftemperaturen** erforderlich, um gezielt Einfluss auf die Strukturtemperaturen nehmen zu können. Das Optimierungsproblem zielt auf die Bestimmung neuer Vorlauftemperaturen ab, durch deren Einsatz die prädizierte Regelabweichung minimiert werden kann. Zur Berechnung einer Näherungslösung für das in Formel 6.1 aufgestellte, nichtlineare Nullstellenproblem hält die numerische Mathematik eine Vielzahl an Algorithmen bereit. Das Levenberg-Marquardt-Verfahren ist aufgrund eines Dämpfungsterms deutlich robuster als das Gauß-Newton-Verfahren, was sich in einer deutlich vergrößerten Konvergenzwahrscheinlichkeit auch bei vergleichsweise schlechten Startwerten niederschlägt. Da die Konvergenzwahrscheinlichkeit im vorliegenden Anwendungsfall als wichtiger einzuschätzen ist als eine unter Umständen geringere Konvergenzordnung, wird das Levenberg-Marquardt-Verfahren für die mathematische Optimierung verwendet. Nach Formel 6.4 ergeben sich die neuen Eingangsgrößen u_{k+1} aus dem vorherigen Iterationsschritt mit dem Index k, wozu neben den Levenberg-Marquardt-Koeffizienten α_{LM} und β_{LM} die Kostenfunktion $f(u_k, x_k)$ und deren Ableitung als Jacobi-Matrix $J_f(u_k, x_k)$ benötigt werden.

$$u_{k+1} = u_k - \alpha_{LM} \cdot \left(J_f(u_k, x_k)^T \cdot J_f(u_k, x_k) + \beta_{LM} \cdot I \right)^{-1} \cdot J_f(u_k, x_k)^T \cdot f(u_k, x_k) \qquad (6.4)$$

Die Jacobi-Matrix $J_f(u_k, x_k)$ beschreibt die Auswirkungen einer Änderung der Vorlauftemperaturen u auf eine Änderung der Strukturtemperaturen y. Da es sich bei den sonstigen Eingängen x um nicht-beeinflussbare Eingänge handelt, die sich aus dem Maschinenbetrieb ergeben, werden diese Größen im Rahmen des Optimierungsproblems als konstante Randbedingungen betrachtet. In der allgemeinen Schreibweise in Formel 6.5 besteht die Jacobi-Matrix aus Einträgen, die die jeweiligen Wechselwirkungen zwischen einzelnen Ein- und Ausgängen in Form von partiellen Ableitungen ausdrücken.

$$J_f(u,x) = \left(\frac{\partial f_i}{\partial u_j}(u,x)\right)_{i=1,\ldots,m;j=1,\ldots,n} = \begin{pmatrix} \frac{\partial f_1}{\partial u_1}(u,x) & \ldots & \frac{\partial f_1}{\partial u_n}(u,x) \\ \vdots & \ddots & \vdots \\ \frac{\partial f_m}{\partial u_1}(u,x) & \ldots & \frac{\partial f_m}{\partial u_n}(u,x) \end{pmatrix} \tag{6.5}$$

Der Vektor $f(u_k, x_k)$ in Formel 6.4 entspricht der Regelabweichung im aktuellen Iterationsschritt (Iterationsschritt k) und wird ebenfalls mithilfe des KNN auf Basis der Historiendaten bestimmt. Die Berechnungsvorschrift des Levenberg-Marquardt-Verfahrens in Formel 6.4 ist damit voll bestimmt und kann für die Ermittlung des nächsten Stützpunktes genutzt werden.

Sobald mithilfe des beschriebenen iterativen Vorgehens eine Konstellation aus Vorlauftemperaturen gefunden werden kann, bei deren Anwendung die prognostizierte Regelabweichung unterhalb eines Grenzwertes liegt, stoppt der Optimierer. Die gefundenen Vorlauftemperaturen werden beim **Stellen des Kühlaggregats** berücksichtigt und dem System aufgeschaltet.

6.3.2 Parametrierung des Optimierers

Parametrization of the optimizer

Die Abläufe im Optimierer sind von einer Reihe von bereits eingeführten Größen abhängig. Die erreichbare Regelgüte wird zum Teil signifikant von diesen Größen beeinflusst. In diesem Kapitel wird vorgestellt, wie eine Parametrierung der im Folgenden aufgelisteten Größen erfolgen kann:

- Führungsgröße
- Prognosehorizont
- Regeltakt
- Jacobi-Matrix
- Glättungsfaktor
- Abbruchkriterien der Optimierung

- sonstige Parameter

Bei der **Führungsgröße** w handelt es sich um den Vektor der mittleren Sollstrukturtemperaturen. Eine Minimierung der Regelabweichung $e = w - y(u, x)$ im Optimierer bedeutet somit, dass eine Angleichung der mittleren Strukturtemperaturen y an die Sollwerte angestrebt wird. Die Führungsgröße kann prinzipiell frei gewählt werden, sollte aber einerseits innerhalb eines technisch realisierbaren Bereichs liegen und andererseits von den möglichen thermischen Betriebspunkten der Maschine aus möglichst gut erreicht werden können. Der zweitgenannte Punkt zielt darauf ab, große Sprünge in den Stellwerten u möglichst zu vermeiden. Für die Bestimmung einer unter thermischen Gesichtspunkten günstigen Führungsgröße werden die gemittelten, stationären Temperaturen der vier relevanten Strukturbauteile für ein breites Spektrum an Betriebsbedingungen der Maschine betrachtet. Im Rahmen von insgesamt 30 Versuchen, dargestellt in Abbildung 6.13, stellten sich infolge unterschiedlichster Betriebsbedingungen (Verfahrprofile, Vorschubgeschwindigkeiten, Umgebungstemperaturen) der Maschine unterschiedliche mittlere Temperaturen an den Strukturbauteilen ein. Durch eine Mittelung dieser Temperaturen, angedeutet über die roten Linien, ergibt sich für jedes der vier betrachteten Strukturbauteile eine individuelle Zielvorgabe. Die Mittelwerte können zum Vektor der Führungsgröße w in Formel 6.6 zusammengefasst werden. Die Sollstrukturtemperaturen der Strukturbauteile $T_{ST,soll,i}$ ergeben sich darin aus den über 30 Versuche gemittelten, stationären Temperaturen des X-, Y- und Z-Schlittens sowie des Bettes.

$$w = \begin{pmatrix} T_{ST,soll,1} \\ T_{ST,soll,2} \\ T_{ST,soll,3} \\ T_{ST,soll,4} \end{pmatrix} = \begin{pmatrix} T_{Mittel,X-Schlitten} \\ T_{Mittel,Y-Schlitten} \\ T_{Mittel,Z-Schlitten} \\ T_{Mittel,Bett} \end{pmatrix} = \begin{pmatrix} 25{,}69\ ^\circ C \\ 23{,}70\ ^\circ C \\ 24{,}62\ ^\circ C \\ 22{,}86\ ^\circ C \end{pmatrix} \tag{6.6}$$

Es ist erkennbar, dass der X-Schlitten im Mittel die höchsten Temperaturen erreicht, was über seine zentrale Lage zwischen Z- und Y-Schlitten erklärt werden kann. Zudem verfügt der X-Schlitten über Antriebskomponenten an der Vorder- und Rückseite. Im direkten Vergleich weist der Y-Schlitten gegenüber dem Z-Schlitten eine verrippte Struktur und damit ein günstigeres Verhältnis von Oberfläche zu Volumen auf, wodurch eine verstärkte Wärmeabgabe an die Umgebung erfolgen kann.

Anhand von Abbildung 6.13 wird außerdem sichtbar, dass die zu entwickelnde Regelung, zumindest im eingeschwungenen Maschinenzustand, gegen vergleichsweise kleine Temperaturunterschiede arbeiten muss. Entsprechend präzise müssen Stellgrößen deshalb beeinflusst werden können.

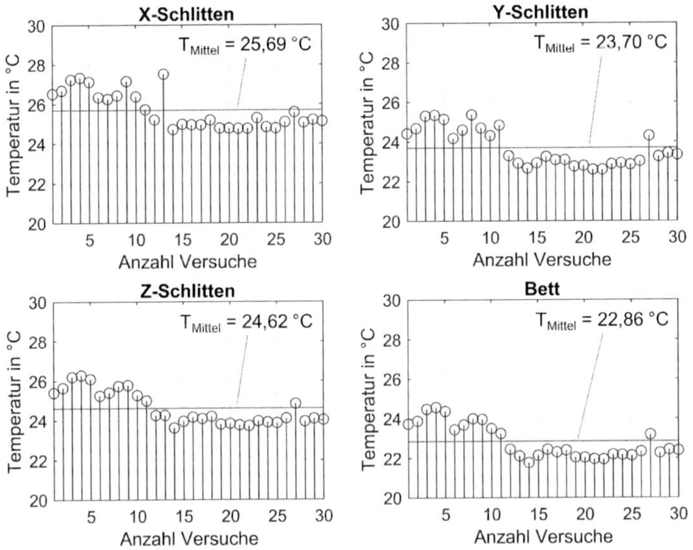

Abbildung 6.13: Gemittelte, stationäre Strukturtemperaturen für verschiedene Betriebsbedingungen

Averaged steady-state structural temperatures for different operating conditions

Der **Prognosehorizont** gibt an, wie weit in jedem Regeltakt im Rahmen des thermischen Look-aheads in die Zukunft zu schauen ist, um die zu erwartende Regelabweichung mithilfe des KNN zu ermitteln. Die zum aktuellen Zeitpunkt vorliegenden Eingangsgrößen x und u (Vorschubgeschwindigkeiten, Motorströme, Umgebungstemperaturen und Vorlauftemperaturen) werden für den thermischen Look-ahead als konstant angenommen und für die Länge des Prognosehorizonts in die Zukunft projiziert, wie Abbildung 6.12 verdeutlicht. Auf der einen Seite hat ein kurzer Prognosehorizont zur Folge, dass Änderungen in den Eingangsgrößen aufgrund der thermischen Zeitkonstanten praktisch nicht zur Geltung kommen. Die Vorteile einer modellprädiktiven Regelung können nicht wirksam werden. Auf der anderen Seite sorgt ein besonders lang gewählter Prognosehorizont dafür, dass die Regelabweichung tendenziell überschätzt wird. Die vereinfachte Annahme einer zukünftigen Konstanz der Eingangsgrößen weicht dann zu stark von der tatsächlichen, zum jetzigen Zeitpunkt noch nicht bekannten Maschinennutzung in der Zukunft ab. Idealerweise entspricht der Pronosehorizont deshalb ungefähr der mittleren Periodendauer von Änderungen in den Betriebsbedingungen einer Werkzeugmaschine. Im vorliegenden Fall konnten mit einem Prognosehorizont von 15 Minuten die besten Ergebnisse erzielt werden.

Als weitere zeitliche Größe ist neben dem Prognosehorizont der **Regeltakt** zu definieren. Der Regeltakt entspricht der Frequenz, mit welcher die Vorlauftemperaturen als Stellgrößen modifiziert werden. Gleichzeitig legt er fest, wie dynamisch auf Änderungen in den Betriebsbedingungen der Maschine reagiert werden kann. Ein niedriger Regeltakt verschafft dem Kühlsystem Zeit, die aufgeschalteten Stellgrößenänderungen umzusetzen. Auf sprungartige Änderungen in den Randbedingungen kann allerdings erst reagiert werden, wenn der aktuelle Regeltakt durchlaufen ist. Bei der Wahl des Regeltakts ist außerdem zu berücksichtigen, dass innerhalb eines Takts eine iterative Optimierung der Vorlauftemperaturen erfolgen muss, was beispielsweise das mehrfache Lösen des KNN erfordert. In empirischen Untersuchungen konnte ein Regeltakt von einer Minute bzw. 0,0167 Hz als guter Kompromiss aus Reglerdynamik, Umsetzbarkeit durch das Kühlsystem und ausreichend Zeit für die Berechnungen im Hintergrund identifiziert werden.

Die **Jacobi-Matrix** entspricht der linearisierten Sensitivität der mittleren Strukturtemperaturen gegenüber den Vorlauftemperaturen der Kühlkreisläufe. Im Kontext der mathematischen Optimierung nach Formel 6.4 kann über die Jacobi-Matrix somit berechnet werden, wie sich eine Anpassung der Vorlauftemperaturen im aktuellen Arbeitspunkt auf eine Änderung der Strukturtemperaturen auswirkt. Dies bildet die Grundlage für die iterative Bestimmung optimaler Vorlauftemperaturen. Von den vier individuell ansteuerbaren Kühlkreisläufen werden die Kreisläufe 1 und 2 aufgrund der räumlichen Nähe am selben Strukturbauteil mit identischen Stellgrößen versorgt. Darüber hinaus erwies sich eine Regelung der Betttemperatur aufgrund der enormen Zeitkonstante einerseits als schwierig und andererseits aufgrund des begrenzten Einflusses auf die TCP-Verlagerung als nicht notwendig. Die Folge ist, dass sich die Anzahl der individuell zu optimierenden Vorlauftemperaturen auf zwei reduziert, während die drei Strukturtemperaturen am X-, Y- und Z-Schlitten als Regelgrößen verbleiben. Die Dimension der Jacobi-Matrix ist damit 3×2. Nach Formel 6.5 müssen zum Aufstellen der Jacobi-Matrix $J_f(u, x)$ partielle Ableitungen auf analytischem Wege gebildet werden. In der Praxis erfolgt eine numerische Bestimmung der Einzeleinträge jedoch über Differenzenquotienten. Dazu werden die zwei verbleibenden Vorlauftemperaturen auf der Eingangsseite nacheinander um 10 % variiert, um mithilfe des KNN unter Hinzunahme des Arbeitspunktes, repräsentiert durch die sonstigen Eingänge x, den Einfluss auf die drei Strukturtemperaturen auf der Ausgangsseite zu quantifizieren. Die einzelnen Strukturtemperaturen als Ausgang des KNN werden in Formel 6.7 über den Index i gekennzeichnet, während der Index j die zwei zu variierenden Vorlauftemperaturen berücksichtigt.

$$J_f(u, x) = \left(\frac{KNN_i(x, u_j \cdot 1,1) - KNN_i(x, u_j)}{u_j \cdot 1,1 - u_j} \right)_{i=1,\ldots,3; j=1,\ldots,2} \tag{6.7}$$

Darüber hinaus wird ein **Glättungsfaktor** eingeführt, der mögliche Schwankungen in den Stellgrößen reduzieren soll. Die neuen Stellgrößen ergeben sich immer aus dem arithmetischen Mittel des neu berechneten Stellwerts und des vorherigen Werts, analog zu einem gleitenden Mittelwert der Fensterweite zwei. Der Glättungsfaktor schwächt dadurch den möglichen Störeinfluss eines hohen Regeltakts ab, verlängert aber auch die Zeit bis zum Erreichen des Abbruchkriteriums.

Als **Abbruchkriterien der Optimierung** dienen einerseits eine maximal zulässige Regelabweichung, die nach Formel 6.8 im Betrag kleiner als 0,5 K zu sein hat, und anderseits eine maximale Anzahl an Iterationsdurchläufen von 100. Das zuerst greifende Kriterium beendet die Iterationsschleifen im Optimierer.

$$max(\mid e_i \mid _{i=1,\ldots,3}) < 0,5\,K \tag{6.8}$$

Zu den **sonstigen Parametern** zählen beispielsweise die Schrittweite α_{LM} und der Regularisierungsparameter β_{LM} des Levenberg-Marquardt-Verfahrens. Mit Werten von 1 bzw. 5 kann eine robuste und schnelle Optimierung erreicht werden.

6.4 Validierung

Validation

Die Validierung der an der Demonstratormaschine umgesetzten Methodik geschieht im Rahmen einer vergleichenden Analyse. Bestandteil dieser Analyse ist eine Gegenüberstellung des thermo-elastischen Maschinenverhaltens bei konventionell arbeitendem sowie geregeltem aktiven Kühlsystem, wobei die herstellerseitig implementierte steuerungsinterne Korrektur deaktiviert ist. Während sämtliche Kühlkreisläufe im konventionellen Betrieb mit einer konstanten, durch den Hersteller vorgegebenen Vorlauftemperatur versorgt werden, werden die Kreisläufe bei Einsatz der modellprädiktiven Regelung bedarfsgerecht und individuell angesteuert. Im ersten Validierungsversuch besteht das Lastprofil aus drei unterschiedlichen Phasen. Nachdem die Maschine in der ersten Phase mit 40 $\frac{m}{min}$ in der Y-Achse verfahren wird, folgt eine Stillstandszeit in der zweiten und ein Verfahren mit ebenso 40 $\frac{m}{min}$ in der Z-Achse in der dritten Phase (vgl. Abbildung 6.14).

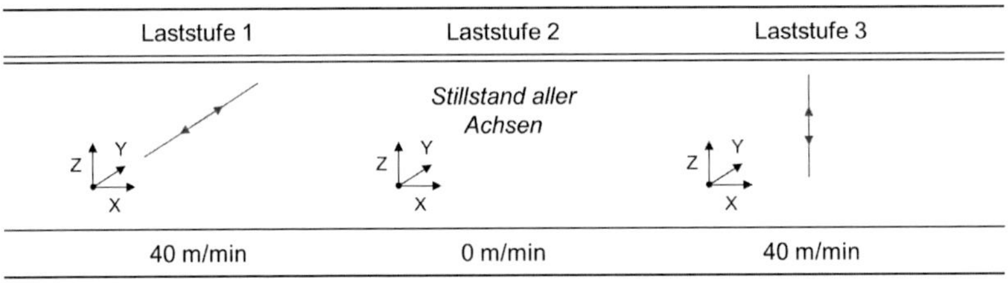

Abbildung 6.14: Dreistufiges Lastprofil des ersten Validierungsversuchs

Three-stage load profile of the first validation test

Die Ergebnis-Grafik zu diesem Versuch in Abbildung 6.15 besteht aus fünf Einzeldiagrammen, die neben den Vorlauftemperaturen (Diagramm 1) in den vier Kreisläufen die mittleren Strukturtemperaturen (Diagramm 2 bis 5) zeigen. Aus dem ersten Diagramm kann entnommen werden, dass bei Einsatz der modellprädiktiven Regelung (MPC-Kühlung) eine Anpassung der Vorlauftemperaturen an das Lastprofil stattfindet.

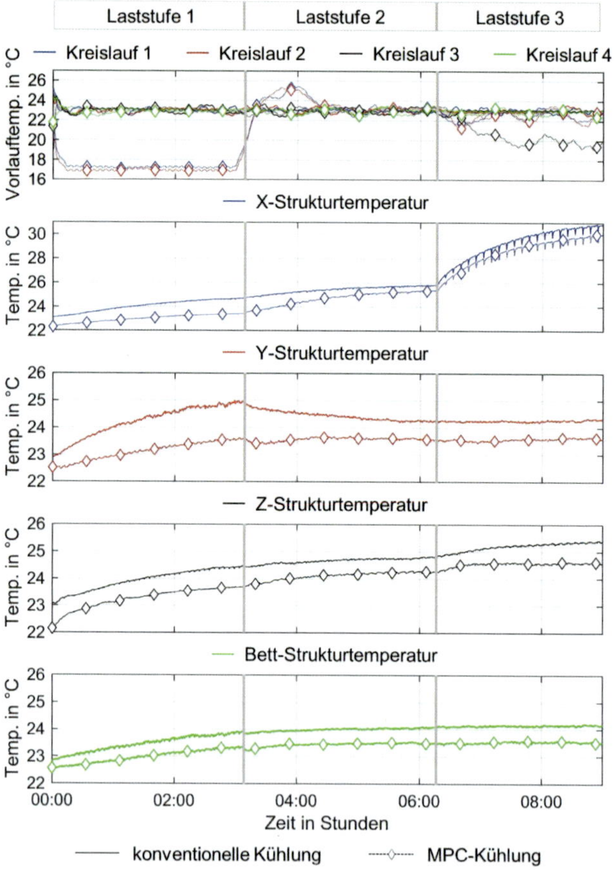

Abbildung 6.15: Versuch 1: Einfluss der MPC auf das thermo-elastische Maschinenverhalten

Test 1: Influence of MPC on thermoelastic machine behavior

Im Falle der mittleren Strukturtemperaturen kann eine Homogenisierung, also eine Glättung von Temperaturstufen, ausgemacht werden. Insbesondere am Y-Schlitten, der über zwei Kühlkreisläufe direkt temperiert wird, macht sich dieser Effekt beim Übergang von der ersten in die zweite Phase nach ca. drei Stunden bemerkbar. Darüber hinaus entspricht die mittlere Strukturtemperatur des Y-Schlittens nahezu über dem gesamten Zeitraum dem Sollwert von 23,70 °C. Die Temperaturverläufe am X-Schlitten weisen vergleichsweise ähnliche Kurven auf. Dies ist dadurch zu erklären, dass der X-Schlitten als kleinstes Strukturbauteil der Maschine nicht aktiv temperiert wird. Dementsprechend kann auf die Temperatur nur indirekt über die Nachbarbaugruppen Einfluss genommen werden. Aufgrund der geringen Baugröße bei gleichzeitig weitestgehend symmetrischem Aufbau ist dieses Bauteil für die TCP-Verlagerungen von geringer Bedeutung. Am Z-Schlitten findet ein Gegenkühlen, wobei von der konventionellen Vorlauftemperatur von 23 °C abgewichen wird, erst im hinteren Bereich der dritten Phase statt, da die Sollstrukturtemperatur von 24,62 °C zuvor noch nicht erreicht wird. Dass die Vorlauftemperatur am Z-Schlitten zuvor nicht ansteigt, um durch Heizen die Regelabweichung zu minimieren, ist mit einer verlustleistungsbasierten Stellwertbegrenzung zu erklären, die im weiteren Verlauf des Kapitels erläutert wird.

Zunächst findet eine Betrachtung der Verlagerungen anhand Abbildung 6.16 statt. In den oberen drei Diagrammen sind die relativen X-, Y- und Z-Verlagerungen des TCP bei konventioneller Kühlung dargestellt, in den drei Diagrammen darunter jeweils bei Einsatz der MPC-Kühlung. Die Schwankungsbreite bzw. der Spitze-Tal-Wert nach einer kurzen Warmlaufphase von 60 Minuten ist farblich hinterlegt. Die Warmlaufphase dient dem Vorwärmen der Maschine, die erst zum Versuchsstart angeschaltet wird. Die Ergebnisse verdeutlichen, dass das thermo-elastische Verlagerungsverhalten in den drei Hauptrichtungen durch den Einsatz der modellprädiktiven Regelung zum Teil deutlich verbessert werden konnte. Die Reduktion der Spitze-Tal-Werte beläuft sich auf 26 % (X-Achse), 52 % (Y-Achse) und 47 % (Z-Achse).
Wird die Verlagerung im Raum über Formel 6.9 betrachtet, so ergibt sich eine Reduktion der Verlagerung von ca. 47 %.

$$\Delta\delta_{xyz} = \sqrt{\Delta x^2 + \Delta y^2 + \Delta z^2} \tag{6.9}$$

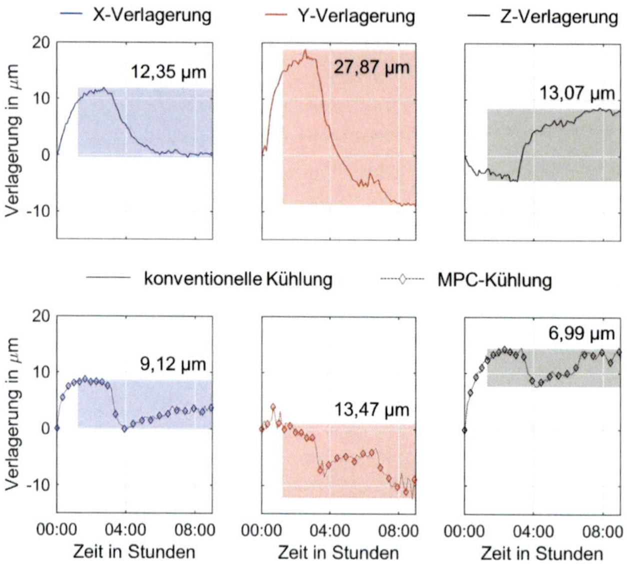

Abbildung 6.16: Versuch 1: Schwankungsbreite der TCP-Verlagerung nach der Warmlaufphase

Test 1: Fluctuation range of TCP displacement after the warm-up phase

Im einem zweiten Validierungsversuch wird die Maschine mit einem vierstufigen Lastprofil beaufschlagt (vgl. Abbildung 6.17). Dieses umfasst neben Linearbewegungen und einer Stillstandsphase auch Kreisbewegungen in verschiedenen Ausführungen und Geschwindigkeiten. Insgesamt beinhaltet das Lastprofil somit Bewegungsanteile in allen drei translatorischen Achsen.

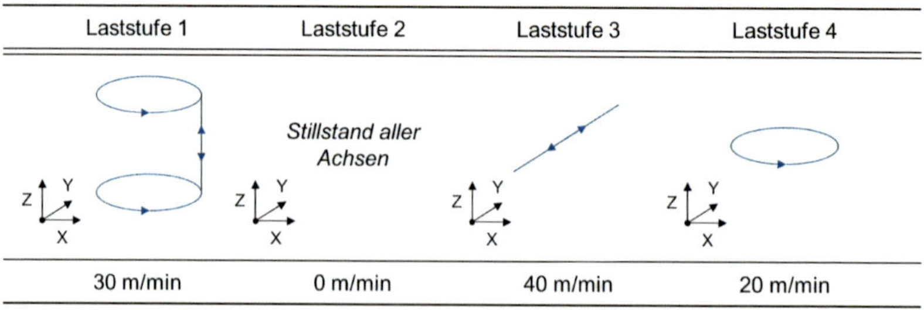

Abbildung 6.17: Vierstufiges Lastprofil des zweiten Validierungsversuchs

Four-stage load profile of the second validation test

Die Darstellung der Ergebnisse des Validierungsversuchs erfolgt analog zum vorherigen Versuch. Das sich ergebende Gesamtbild entspricht im Wesentlichen dem des ersten Validierungsversuchs. Im Falle der mittleren Strukturtemperaturen wirken sich die variablen Vorlauftemperaturen, die im obereren Diagramm in Abbildung 6.18 visualisiert sind, insbesondere auf die Temperaturen am Y- und am Z-Schlitten aus. Aufgrund der umfangreichen Kühlstrukturen am Y-Schlitten ist die Beeinflussung der Strukturtemperatur hier am deutlichsten erkennbar, insbesondere in der dritten Laststufe.

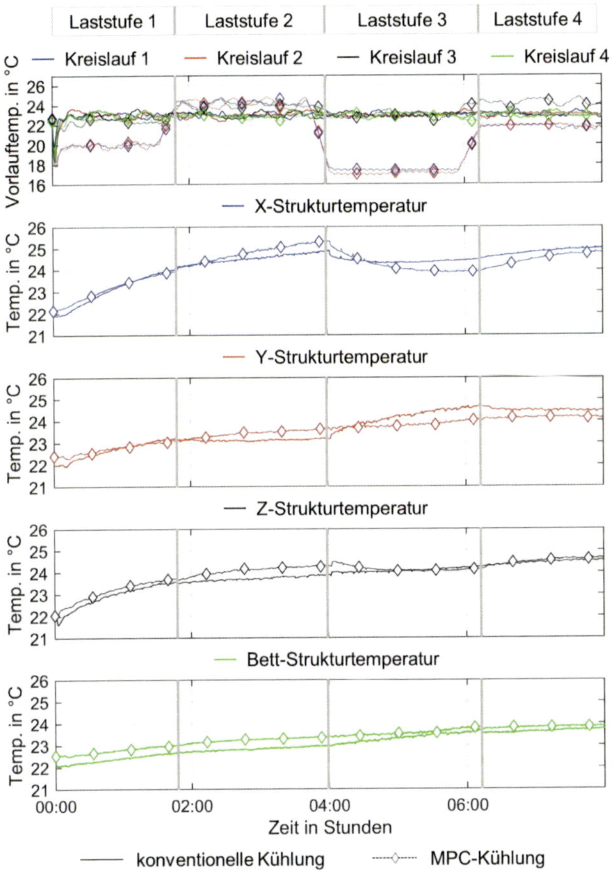

Abbildung 6.18: Versuch 2: Einfluss der MPC auf das thermo-elastische Maschinenverhalten

Test 2: Influence of MPC on thermoelastic machine behavior

Die gezielte Beeinflussung des thermischen Haushalts hat zur Folge, dass auch die Verlagerungsgänge positiv beeinflusst werden. Die farblich markierten Spitze-Tal-Bereiche in Abbildung 6.19 verdeutlichen dies. Während es im Falle der X-Achse zwar zu einem leichten Anstieg der Schwankungsbreite von ca. 13 % kommt, können entsprechende Kennwerte in der Y- und Z-Achse um 50 % bzw. um 43 % gesenkt werden. Die erzielten Verbesserungen in diesen Achsen liegen damit im Bereich derer des ersten Validierungsversuchs. Da das Niveau in der X-Achse trotz des leichten Anstiegs insgesamt niedrig ist, bewegen sich die thermo-elastischen Verlagerungen am TCP bei Einsatz der modellprädiktiven Regelung insgesamt innerhalb eines Fensters von 10 μm. Im dreidimensionalen Raum beträgt die Reduktion 38 %.

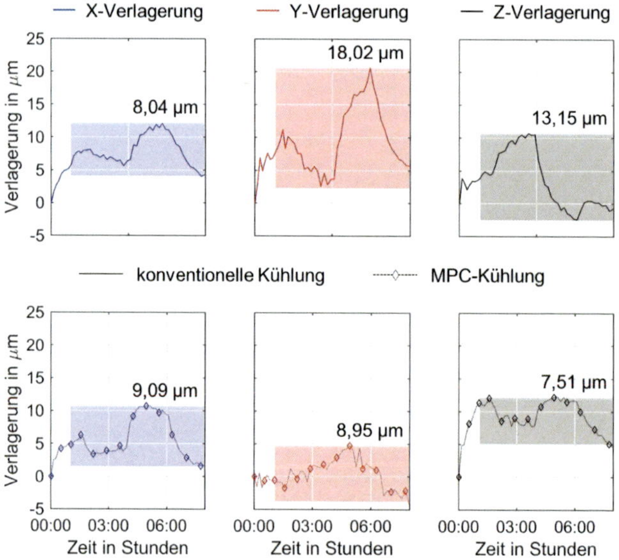

Abbildung 6.19: Versuch 2: Schwankungsbreite der TCP-Verlagerung nach der Warmlaufphase
Test 2: Fluctuation range of TCP displacement after the warm-up phase

6.5 Abschlussbewertung

Final evaluation

Die im vorherigen Kapitel dargestellten Validierungsversuche zeigen auf, in welchen Bereichen eine Verbesserung des thermo-elastischen Maschinenverhaltens liegen kann. Eine realistische Abschlussbewertung des Ansatzes sollte aber auch die noch nicht erschlossenen Potenziale, die Herausforderungen und Grenzen sowie den noch bestehenden Forschungsbedarf berücksichtigen.

6.5.1 Potenziale

Potentials

Ein wesentliches Potenzial des im Rahmen der Arbeit vorgestellten Ansatzes wird bei einem Vergleich mit alternativen Ansätzen deutlich. Wie im Stand der Technik und Forschung aufgezeigt, zielt ein Großteil aktueller Forschungsarbeiten auf die Entwicklung von Korrekturlösungen ab, wohingegen kompensatorische Lösungen weit seltener vorzufinden sind. Die in der internationalen Literatur vorgestellten Korrekturlösungen unterscheiden sich untereinander in der Regel hinsichtlich der Auswahl an Eingangsgrößen und hinsichtlich des Modellierunganşatzes, wobei das gesamte Spektrum an Black-Box-Modellen ausgeschöpft wird. Die erzielbaren **Genauigkeitssteigerungen** sind dabei teilweise beachtlich und erreichen Bestwerte, die weit über den im Rahmen dieser Arbeit erzielten Verbesserungen liegen. Alle Korrekturansätze haben allerdings gemein, dass eine Kenntnis der thermo-elastischen Verlagerungen für die Umsetzung essentiell ist, da eine Korrektur über das Nachstellen der Vorschubachsen nur bei Kenntnis ebendieser Verlagerungen erfolgen kann. Ein rückwärtsgewandter Blick auf die einzelnen methodischen Schritte zum Aufbau des in dieser Arbeit vorgestellten Kompensationsansatzes verdeutlicht im Kontrast dazu, dass die Lösung entlang aller Modellierungsschritte ohne die messtechnische Erfassung von Verlagerungen auskommt. Da die mittleren Strukturtemperaturen als Regelgrößen fungieren, findet an keiner Stelle, abgesehen von der Abschlussvalidierung, eine Betrachtung von Verlagerungen oder Verformungen der Struktur statt. Da Temperaturen im Gegensatz zu Verlagerungen mit praktisch vernachlässigbarem Aufwand erfasst werden können und die Messung keinen Eingriff in den Produktivbetrieb erfordert, liegt das Hauptpotenzial des entwickelten Ansatzes in der hohen Praxistauglichkeit.

Zu dem Verzicht auf die Erfassung von strukturellen Verlagerungen kommt ein weiterer Aspekt hinzu, der sich positiv auf die Praxistauglichkeit auswirkt. Die Nutzung einer hybriden Trainingsdatenbasis zum Aufbau des Systemmodells ermöglicht, dass die notwendige Grundparametrierung mit Messdaten im Hause des Werkzeugmaschinenherstellers erfolgen kann. Individuelle, an die Anwendungsszenarien des Maschinennutzers angepasste Datensätze können virtuell mithilfe des White-Box-Modells als Simulationsdaten generiert werden. Dadurch stellt die Kompensationslösung keine anwenderseitigen Anforderungen hinsichtlich des Einsatzes komplexer Messtechnik oder der Durchführung zeitintensiver Parametrierungsversuche.

Die Kompensation thermo-elastisch induzierter Verlagerungen über einen intelligenten Einsatz des aktiven Kühlsystems zielt damit auf einen ganz anderen potenziellen Anwendungsbereich ab als das Gros der Korrekturlösungen. Während die Korrektur insbesondere in der Serienfertigung in größeren Unternehmen effektiv eingesetzt werden kann, kann die vorgestellte Kompensation bereits in der Einzelteilfertigung in Kleinstbetrieben ihr Potenzial entfalten. Vor dem Hintergrund einer kundenindividuellen Massenproduktion, also der industriellen Herstellung verstärkt individualisierter Produkte, ist zu erwarten, dass flexible und in der Breite einsetzbare Konzepte an Bedeutung gewinnen.

Im Stand der Technik und Forschung in Kapitel 2 ist nachzulesen, dass das thermo-elastische Verhalten von Werkzeugmaschinen stark mit der energetischen Bilanz verknüpft ist, da aktive Kühlsysteme aktuell zu fast einem Viertel der elektrischen Leistungsaufnahme beitragen. Ein regelnder Eingriff in den Betrieb dieser aktiven Kühlsysteme vermag es nicht nur, die Genauigkeit einer Werkzeugmaschine zu steigern, sondern kann ebenso die Grundlage für eine **Reduktion des Stromverbrauchs** darstellen. Ein bedarfsgerechter Betrieb bedeutet, dass die Kühlleistung zeitlich und örtlich genau dann bereitgestellt wird, wenn ein direkter Nutzen zu erwarten ist. Die entwickelte Regelungsarchitektur bietet das Potenzial, um weitere Regelgrößen, wie beispielsweise die elektrische Leistungsaufnahme, erweitert zu werden. Eine Verringerung von Ausschuss infolge der Genauigkeitssteigerung in Kombination mit einem reduzierten Stromverbrauch können wichtige Bausteine für eine nachhaltige Gestaltung der zerspanenden Fertigung sein. Die vorgestellte Kompensationslösung weist somit auch in diesem Bereich Potenzial auf.

Insgesamt können mithilfe bedarfsgerecht arbeitender aktiver Kühlsysteme in Werkzeugmaschinen somit zwei für die Zukunft der Zerspanung relevante Themen adressiert werden (vgl. Abbildung 6.20), wodurch letztendlich die Potenziale des vorgestellten methodischen Ansatzes unterstrichen werden.

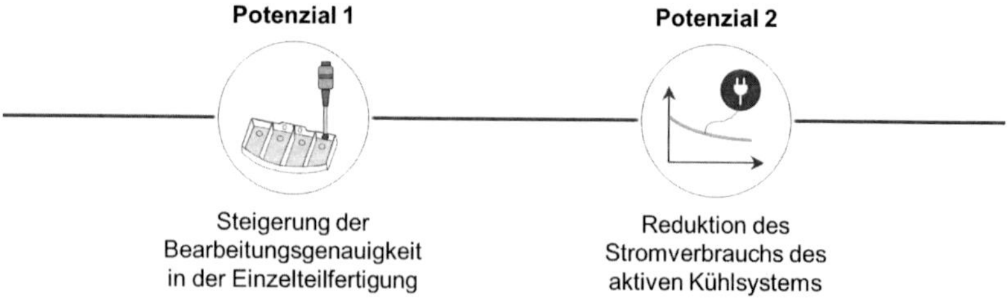

Abbildung 6.20: Potenziale einer modellprädiktiven Regelung aktiver Kühlsysteme
Potentials of a model predictive control of active cooling systems

6.5.2 Herausforderungen und Grenzen

Challenges and limits

Eine Betrachtung der Validierungsversuche verdeutlicht, dass der Ansatz trotz der aufgeführten Potenziale in der praktischen Umsetzung mit Herausforderungen verbunden ist und darüber hinaus theoretische Grenzen aufweist.

Der Vorteil, dass für die praktische Realisierung keine Verlagerungen messtechnisch erfasst werden müssen, avanciert gleichzeitig zu einem wesentlichen Nachteil. Die Betrachtung von mittleren Strukturtemperaturen als Regelgröße setzt homogen temperierte Bauteile voraus. In der Realität führt die verteilte Anordnung von Wärmequellen und -senken mit unterschiedlichen Zeitkonstanten allerdings unweigerlich zu zeitlich veränderlichen, räumlichen Temperaturgradienten. Während der zeitliche Effekt über das aktive Kühlsystem adressiert werden kann, ist eine Beeinflussung räumlicher Gradienten praktisch nicht möglich. Die Folge ist, dass selbst im Falle vollständig konstanter Mitteltemperaturen zeitlich variable Temperaturgradienten vorliegen können, die wiederum asymmetrische Verformungen der Strukturbauteile zur Folge haben. Das folgende Gedankenexperiment soll diesen Sachverhalt verdeutlichen: Im Falle eines Sprungs in der Umgebungstemperatur, beispielsweise infolge der Öffnung eines Hallentors im Winter, wäre die gesamte Oberfläche der Strukturbauteile veränderten thermischen Randbedingungen ausgesetzt. Dem Auskühlen der Struktur könnte mit einem gezielten Gegenheizen über das aktive Kühlsystem begegnet werden, was allerdings nur lokal über die Kühlleisten stattfände. Um die Wärmeabgabe über die gesamte Oberfläche zu kompensieren, wäre ein vergleichsweise starkes Heizen notwendig, sodass die Maschine lokal im Bereich der Kühlleisten über die Solltemperatur hinaus erwärmt werden würde. Obwohl die Mitteltemperatur des exemplarisch betrachteten Strukturbauteils konstant bliebe, entstünde ein Temperaturgefälle im Bauteil. Es existiert eine Reihe von Maßnahmen, um diese Problematik zu adressieren (vgl. Abbildung 6.21).

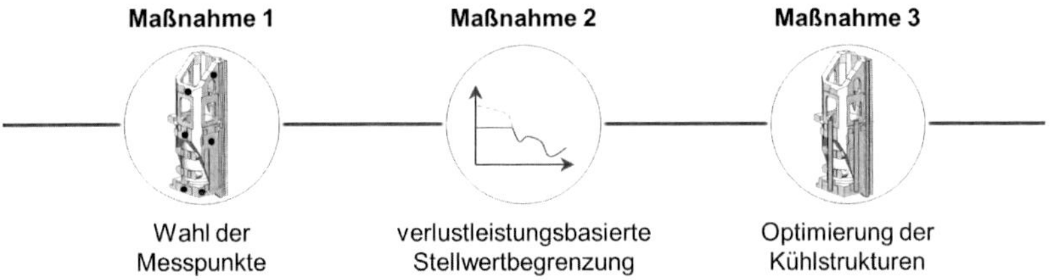

Abbildung 6.21: Maßnahmen zur Optimierung der modellprädiktiven Regelung
Measures to optimize model predictive control

Die mittleren Temperaturen der Strukturbauteile dienen im Rahmen der Regelung des aktiven Kühlsystems als Regelgrößen. Die Ermittlung dieser Größen geschieht allerdings aus diskreten Einzeltemperaturen, also an individuellen Mess- bzw. Simulationspunkten. Die Wahl der Sensorpositionen wirkt sich somit zwangsläufig auf den Wert der entsprechenden Mitteltemperatur aus. Werden vergleichsweise viele Sensoren nahe an einer Wärmequelle positioniert, fließt deren Einfluss überproportional in die Regelgröße ein. Befinden sich viele Sensoren weit abseits der Kühlleisten, wird die Sensitivität der mittleren Temperatur hinsichtlich des Kühlsystems verringert, sodass die im vorherigen Abschnitt angesprochene Problematik von Temperaturgradienten droht. Die **Wahl der Messpunkte zur Bestimmung der mittleren Strukturtemperaturen** ist somit von zentraler Bedeutung. Hierbei gilt, dass Sensoren letztendlich so positioniert werden sollten, dass der Einfluss aller relevanten thermischen Randbedingungen abgebildet werden kann. Dopplungen von Sensoren, die eine Fehlgewichtung eines individuellen Einflusses zur Folge haben könnten, sollten vermieden werden. Im vorliegenden Fall geschah die Definition sinnvoller Sensorpositionen empirisch, indem aus einer ursprünglich sehr großen Fülle an Messpunkten sukzessive solche ausgewählt wurden, auf die die formulierten Anforderungen zutreffen. Zukünftig ist denkbar, eine simulationsbasierte Bestimmung optimaler Sensorpositionen durchzuführen. Im Rahmen einer mathematischen Optimierung sind dazu Minimalforderungen zu formulieren, die die Sprungantwort einer lokalen Temperaturmessung als Funktion der abzubildenden Randbedingung betrachten. Da diese Sprungantwort eine Funktion der Messposition ist, können im Rahmen einer Ausgleichsrechnung optimale Sensorpositionen numerisch ermittelt werden.

Eine zweite im Rahmen dieser Arbeit umgesetzte Maßnahme ist die Implementierung einer **verlustleistungsbasierten Stellwertbegrenzung**. Der Hintergrund dieser Maßnahme zur Reduktion räumlicher Temperaturgradienten wird bereits im Rahmen der Validierung am Beispiel von Abbildung 6.15 aufgegriffen. Ausgehend von einem kalten Maschinenzustand ist eine rein temperaturbasierte modellprädiktive Regelung bestrebt, die Differenz zwischen kalter Maschinenstruktur und der deutlich darüber liegenden Solltemperatur durch Heizen zu minimieren. Dieses Vorgehen erscheint plausibel und zielführend, um beispielsweise Warmlaufzeiten zu minimieren. Die Folge wären aber bereits erläuterte, äußerst stark ausgeprägte räumliche Temperaturgradienten. In Versuchen konnte nachgewiesen werden, dass signifikante Verlagerungen am TCP die Folge wären. Um dies zu umgehen, wurde eine verlustleistungsbasierte Stellwertbegrenzung eingeführt. Die maximalen und minimalen Vorlauftemperaturen, mit denen ein Kühlkreislauf versorgt werden kann, werden dazu mit der Verlustleistung relevanter interner Wärmequellen linear verknüpft. Eine Parametrieung dieser Zusammenhänge geschah empirisch im Rahmen von Versuchsreihen. Über diesen Ansatz kann sichergestellt werden, dass Strukturbauteile nicht überproportional gekühlt oder geheizt werden, sollten dort keine entsprechenden lokalen Wärmequellen oder -senken vorliegen. Im Beispiel in Abbildung 6.15 wies der Z-Schieber im Ausgangszustand eine niedrige Temperatur auf, die weit unterhalb der Solltemperatur lag. Da die Z-Achse in der Anfangsphase des Versuchs still stand, wurde intern kaum Wärme eingetragen. Die verlustleistungsbasierte Stellwertbegrenzung verhinderte, dass der Z-Schieber mit zu warmem Kühlfluid asymmetrisch erwärmt wurde. Eine niedrigere, homogene Strukturtemperatur ist häufig somit einer im Mittel passenden Strukturtemperatur mit asymmetrischer Temperaturverteilung vorzuziehen.

Zuletzt sollte eine **Optimierung der Kühlstrukturen** angestrebt werden. Die Geometrie von Strukturbauteilen und die Lage von Wärmequellen kann im Prinzip nicht verändert werden, ohne dass das statische und das geometrische Maschinenverhalten beeinflusst werden würden. In kommerziellen Werkzeugmaschinen werden Kühlstrukturen meist in der Nähe zentraler Wärmequellen positioniert, was im Falle elektrischer Maschinen unausweichlich und sinnvoll ist. In der untersuchten Demonstratormaschine sind die Kühlleisten zur Temperierung der Maschinenstruktur allerdings entlang der Führungsschienen platziert und liegen damit am Rande der Struktur fernab der neutralen Faser. Eine Variation der Vorlauftemperatur hat somit zwangsläufig das Erzeugen von Temperaturgradienten zur Folge. Eine technisch ideale Lösung sähe sowohl lokale Kühlstrukturen an den einzelnen Wärmequellen als auch eine zentrale Kühlstruktur in der Nähe der neutralen Faser vor. Den unterschiedlichen Zeitkonstanten einzelner thermischer Randbedingungen könnte somit Rechnung getragen werden. Ebenso würde dieser Ansatz ein deutlich homogeneres Aufheizen im Rahmen eines thermischen Warmlaufs und eine gezieltere Reaktion im Falle veränderter Umgebungsbedingungen erlauben.

6.5.3 Forschungsbedarf

Research needs

Die Industrialisierung der entwickelten Kompensationslösung als integraler Bestandteil kommerzieller Werkzeugmaschinensysteme ist sinnvoll, setzt allerdings eine vorherige Weiterentwicklung auf wissenschaftlicher Ebene voraus. Wie in den vorherigen Abschnitten dargelegt wurde, besteht konkreter Forschungsbedarf bei der Suche nach einer optimierten Anordnung von Temperaturmesspunkten und Kühlstrukturen oder einer Erweiterung der Regelung um den Aspekt des Energieverbrauchs.

Darüber hinaus ist in weiteren Arbeiten zu erörtern, inwiefern die in Abbildung 6.22 aufgenommenen Punkte den Ansatz verbessern können.

Abbildung 6.22: Forschungsbedarf zur Weiterentwicklung des Kompensationsansatzes

Need for research to further develop the compensation approach

In der umgesetzten Form der modellprädiktiven Regelung findet die Bestimmung neuer Stellwerte ausschließlich auf Basis der prognostizierten Regelabweichung statt. In der in Abbildung 6.23 visualisierten Reglerstruktur fließen die Stellgrößen u und die sonstigen Randbedingungen x als Eingangsgrößen in die Regelung ein, um auf dieser Basis neue Stellgrößen zu bestimmen. Darüber hinaus besteht die Möglichkeit, die tatsächliche mittlere Strukturtemperatur, erfasst über entsprechende Sensoren, in die Regelung zurückzuführen (roter Pfeil in Abbildung 6.23). Zum einen können die Informationen genutzt werden, um die Güte des KNN-basierten Systemmodells im Kontext eines **kontinuierlichen Nachlernprozesses** sukzessive zu verbessern. Zum anderen kann mithilfe der gemessenen Strukturtemperaturen eine tatsächliche Regelabweichung berechnet werden, durch deren Integration in den Regelkreis der Einfluss von Modellfehlern reduziert werden kann.

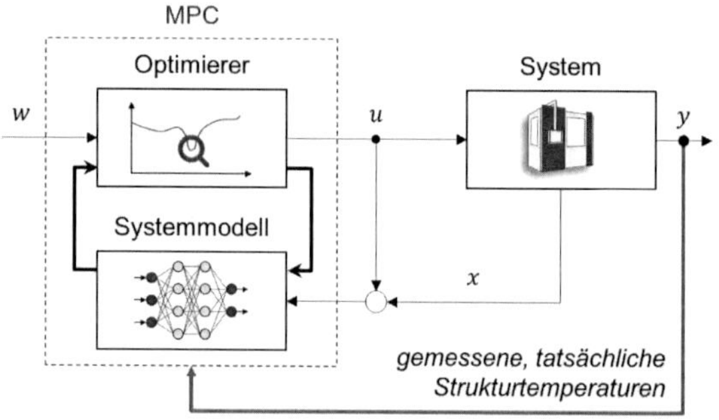

Abbildung 6.23: Aktuelle Regelungsarchitektur erweitert um die kontinuierliche Rückführung der tatsächlichen Strukturtemperaturen

Current control architecture extended to include continuous feedback of the actual structure temperatures

Neben einem reinen Fokus auf thermische Vorgänge ist es denkbar, das **thermo-elastische Verhalten** zur Regelgröße zu machen. Dies erfordert zwar eine komplexere Modellierung einerseits und die messtechnische Erfassung von Verlagerungen andererseits, ermöglicht gleichzeitig allerdings die Definition einer Regelgröße, die deutlich näher an der tatsächlichen Bearbeitungsgenauigkeit der Maschine liegt. Eine zentrale Herausforderung bei der Modellierung des thermo-elastischen Verhaltens von Werkzeugmaschinen ist die Einbindung des nichtlinearen Steifigkeitsverhaltens wälzgelagerter Maschinenkomponenten. In eigenen Vorarbeiten wurde auf den Grundlagen der dynamischen Substrukturkopplung aufbauend ein Reduktionsansatz entwickelt, um das thermo-elastische Verhalten von Werkzeugmaschinen unter Berücksichtigung des nichtlinearen Komponentenverhaltens effizient zu berechnen [VETT22]. Insbesondere bei Strukturen, die ein stark poseabhängiges Verlagerungsverhalten aufweisen, könnte ein auf den Verlagerungen basierender Regelungsansatz sein Potenzial zur Geltung bringen.

Weiterer Forschungsbedarf besteht in der **Integration und Vereinfachung der Kühlhardware** mit dem Ziel, den Funktionsumfang zu erweitern und die Kosten zu senken. Hierbei ist denkbar, zentrale Kalt- und Warmwassertanks mit verteilten, in die Maschinen integrierten Pumpen zu verknüpfen. Dabei ist eine hydraulische Entkopplung der einzelnen Kühlkreisläufe vorzusehen, um Wechselwirkungen möglichst zu vermeiden.

7 Zusammenfassung und Ausblick

Summary and outlook

Das thermo-elastische Verhalten von Werkzeugmaschinen ist auch heute noch eine der Hauptursachen für Bearbeitungsfehler in der spanenden Fertigung. Obwohl wärmedehnungsbedingte Verlagerungen in den vergangenen Jahrzehnten erfolgreich untersucht wurden und Korrekturlösungen heute in jedem modernen Bearbeitungszentrum Stand der Technik sind, ist weiterhin enormes Verbesserungspotenzial vorhanden. Zum einen steigen die Genauigkeitsanforderungen stetig an und zum anderen bringt die Hochgeschwindigkeitsbearbeitung immer stärkere Antriebe, höhere Verlustleistungen und mehr Prozesswärme mit sich.

Im Rahmen der vorliegenden Arbeit wird ein kompensatorischer Ansatz vorgestellt, der im Gegensatz zu korrektiven Systemen nicht die Auswirkung thermo-elastischer Verformungen, sondern deren Entstehung bekämpft. Basis hierfür ist eine modellprädiktive Regelung der mittleren Strukturtemperaturen eines Bearbeitungszentrums durch das variable Stellen der Vorlauftemperaturen des aktiven Kühlsystems. Im ersten Schritt findet der Aufbau eines FE-basierten White-Box-Simulationsmodells statt, um das thermische Maschinenverhalten für ein großes Spektrum möglicher Betriebsbedingungen zu bestimmen. Eine simulativ bereitgestellte Datenbasis wird, ergänzt um ausgewählte Messdaten, im zweiten Schritt verwendet, um ein Black-Box-Ersatzmodell zu trainieren. Das prozessparallel lauffähige Ersatzmodell bildet als Systemmodell den Kern der modellprädiktiven Regelung. Durch die Fähigkeit, das zukünftige Maschinenverhalten zu prognostizieren, kann trotz hoher Zeitkonstanten eine dynamische Regelung des thermischen Maschinenverhaltens umgesetzt werden.

Die Umsetzung der modellprädiktiven Regelung erfordert ein neuartiges Kühlaggregat mit Warm- und Kaltwasserspeicher sowie individuell ansteuerbaren Kühlkreisläufen in der Maschinenstruktur. Durch die Mischung kalter und warmer Volumenströme lässt sich eine zeitlich und örtlich bedarfsgerechte, geregelte Temperierung realisieren.

Die entwickelte Kompensationsmethode ist in ein Bearbeitungszentrum der Fa. DMG implementiert. Obwohl weder Lage noch Querschnitt der bereits vorhandenen Kühlkanäle modifiziert werden konnten, ist die thermo-elastische Verlagerung des TCP um über 40 % niedriger als mit Standardkühlung. Der entwickelte Kompensationsansatz zeichnet sich gegenüber den meisten Korrekturansätzen durch seine hohe Praxistauglichkeit aus, die einen Einsatz selbst in der Einzelteilfertigung in Kleinstunternehmen ermöglicht. Die im Rahmen dieser Arbeit erzeugten Ergebnisse sind ermutigend, schöpfen jedoch das erreichbare Potenzial bei weitem nicht aus. Im Bereich der Kühlstrukturen innerhalb der Maschine, des externen Temperieraggregats und der Lage der Temperaturmessstellen bieten sich Ansatzpunkte für weiterführende Forschungsarbeiten.

Summary and outlook

The thermo-elastic behavior of machine tools is still one of the main causes of machining errors in machining. Although displacements caused by thermal expansion have been successfully investigated in recent decades and corrective solutions are now state of the art in every modern machining center, there is still enormous potential for improvement. On the one hand, accuracy requirements are constantly increasing and, on the other, high-speed cutting involves ever more powerful drives, higher power losses and more process heat.

This thesis presents a compensatory approach which, in contrast to corrective systems, does not address the effects of thermo-elastic deformations, but rather their origin. The basis for this is a model-predictive control of the average structural temperatures of a machining center through the variable setting of the inlet temperatures of the active cooling system. In the first step, an FE-based white-box simulation model is developed in order to determine the thermal machine behavior for a wide range of possible operating conditions. In the second step, a simulative database, expanded by measurement data, is used to train a black-box surrogate model. As a system model, the process-parallel surrogate model forms the core of the model-predictive control. The ability to predict future machine behavior enables dynamically controlling the machine temperature despite high time constants.

The implementation of the model-predictive control requires a new type of cooling unit with warm and cold water tank and individually controllable cooling circuits in the machine structure. By mixing warm and cold volume flows, it is possible to control the machine temperature with time and location dependent.

The developed compensation method has been implemented in a DMG machining center. Although neither the position nor the cross-section of the existing cooling channels could be modified, the thermo-elastic displacement of the TCP is over 40 % lower than with standard cooling. Compared to most correction approaches, the developed compensation approach is characterized by its high practical suitability, which enables it to be used even in single-part production in small companies. The results achieved in the course of this work are encouraging, but do not exploit the achievable potential by far. The cooling structures within the machine, the external temperature control unit and the position of the temperature measuring points offer starting points for further research.

Literaturverzeichnis

[ABEL13] Abele, E.; Sielaff, T.; Beck, M.: Abschlussbericht zum Projekt MAXIEM - Maximierung der Energieeffizienz spanender Werkzeugmaschinen. Darmstadt, 2013.

[ABEL15] Abele, E.; Panten, N.; Menz, B.: Data Collection for Energy Monitoring Purposes and Energy Control of Production Machines. In: Procedia CIRP, Vol. 29, 2015, S. 299–304. ISSN: 22128271.

[AGGO10] Aggogeri, F.; Merlo, A.; Mazzola, M.: Multifunctional structure solutions for Ultra High Precision (UHP) machine tools. In: International Journal of Machine Tools and Manufacture, Vol. 50(4), 2010, S. 366–373. ISSN: 08906955.

[ALBR19] Albrecht, T.; Thiem, X.; Penter, L.; Ihlenfeldt, S.: Effects of hot chips in dry cutting processes on the temperature field and displacement of the machine tool table. In: Journal of Machine Engineering, Vol. 19(3), 2019, S. 32–43.

[BAEH13] Baehr, H. D.; Stephan, K.: Wärme- und Stoffübertragung. 8. Aufl. 2013. Springer Berlin Heidelberg, Berlin, Heidelberg, 2013. ISBN: 9783642365584.

[BAKA17] Bakarinow, K.; Neus, S.; Kneer, F.; Steinert, A.; Brecher, C.; Fey, M.: Analysis and simulative prediction of the thermo-elastic behavior of ball screws. In: 7. WGP-Jahreskongress Aachen, 2017, S. 629–636.

[BAKA18] Bakarinow, K.: Methodik zur Prognose des thermo-elastischen Verhaltens von Vorschubachskomponenten. Dissertation. Rheinisch-Westfälische Technische Hochschule Aachen, 2018.

[BALO13] Balogun, V. A.; Mativenga, P. T.: Modelling of direct energy requirements in mechanical machining processes. In: Journal of Cleaner Production, Vol. 41, 2013, S. 179–186. ISSN: 09596526.

[BATH02] Bathe, K.-J.: Finite-Elemente-Methoden. 2. Auflage. Springer, Berlin und Heidelberg, 2002. ISBN: 9783540668060.

[BEIT15] Beitelschmidt, M.; Galant, A.; Großmann, K.; Kauschinger, B.: Innovative Simulation Technology for Real-Time Calculation of the Thermo-Elastic Behaviour of Machine Tools in Motion. In: Applied Mechanics and Materials, Vol. 794, 2015, S. 363–370.

[BENN13] Benner, P.; Lang, N.; Saak, J.: Modeling structural variability in reduced order models of machine tool assembly groups via parametric MOR. In: PAMM, Vol. 13(1), 2013, S. 481–482. ISSN: 16177061.

[BENN19] Benner, P.; Herzog, R.; Lang, N.; Riedel, I.; Saak, J.: Comparison of model order reduction methods for optimal sensor placement for thermo-elastic models. In: Engineering Optimization, Vol. 51(3), 2019, S. 465–483. ISSN: 0305-215X.

[BERG90] Berg, F.: Elektromotoren mit hohem Wirkungsgrad: Auslegung, wirtschaftliche Aspekte und Entwicklungstendenzen. In: Schweizer Ingenieur und Architekt, Vol. 108(38), 1990.

[BOLT18] Bolte, E.: Elektrische Maschinen: Grundlagen, Magnetfelder, Erwärmung, Funktionsprinzipien, Betriebsarten, Einsatz, Entwurf, Wirtschaftlichkeit. 2. Auflage. Springer, Berlin und Heidelberg, 2018. ISBN: 9783662546888.

[BONS99] Bonse, R.: Thermisches Last-Verformungsverhalten von Werkzeugmaschinen. Dissertation. Rheinisch-Westfälische Technische Hochschule Aachen, 1999.

[BOSS97] Bossmanns, B.: Thermo-Mechanical Modeling of Motorized Spindle Systems for High-Speed Milling. Dissertation. Purdue University, 1997.

[BREC07] Brecher, C.; Schug, R.; Schmitz, S.; Börner, U.: Design and Manufacture of a Carbon Fibre Spindle Rotor: Project results 'Aerospin - Development of a highly precise spindle prototype'. In: Science and Engineering of Composite Materials, Vol. 14(3), 2007, S. 219–228. ISSN: 0792-1233.

[BREC12] Brecher, C.; Bäumler, S.; Jasper, D.; Triebs, J.: Energy Efficient Cooling Systems for Machine Tools. In: Leveraging Technology for a Sustainable World. Hrsg. von Dornfeld, D. A.; Linke, B. S. Springer, Berlin und Heidelberg, 2012, S. 239–244. ISBN: 978-3-642-29068-8.

[BREC13] Brecher, C.; Wennemer, M.: Eigenschaftsmodellbasierter Ansatz zur Korrektur thermo-elastischer Verlagerungen. In: Tradition und Gegenwart bei der Analyse des thermischen Verhaltens spanender Werkzeugmaschinen. Hrsg. von Großmann, K. Technische Universität Dresden Fakultät Maschinenwesen Institut für Werkzeugmaschinen und Steuerungstechnik, Dresden, 2013, S. 147–162.

[BREC15] Brecher, C.; Fey, M.; Wennemer, M.: Correction Model of Load-Dependent Structural Deformations Based on Transfer Functions. In: Thermo-energetic Design of Machine Tools. Hrsg. von Großmann, K. Springer, Cham, 2015, S. 175–183. ISBN: 9783319126258.

[BREC17a] Brecher, C.; Bakarinow, K.; Neus, S.; Fey, M.; Steinert, A.; Ochel, J.: Analyse des thermischen Verhaltens von Profilschienenführungen. In: Antriebstechnik, Vol. 56(1-2), 2017, S. 60–65.

[BREC17b] Brecher, C.; Weck, M.: Werkzeugmaschinen Fertigungssysteme 2: Konstruktion, Berechnung und messtechnische Beurteilung. 9. Auflage. VDI-Buch. Springer Vieweg, Berlin und Heidelberg, 2017. ISBN: 978-3-662-46566-0.

[BREC18a] Brecher, C.; Behrens, J.; Klatte, M.; Lee, T. H.; Tzanetos, F.: Measurement and analysis of thermo-elastic deviation of five-axis machine tool using dynamic R-test. In: Procedia CIRP, Vol. 77, 2018, S. 521–524. ISSN: 22128271.

[BREC18b] Brecher, C.; Spierling, R.; Fey, M.: A new calibration approach for a grey-box model for thermal error compensation of a C-Axis. In: Conference on Thermal Issues in Machine Tools. Hrsg. von Ihlenfeldt, S.; Brecher, C.; Putz, M.; Billington, D. Verlag Wissenschaftliche Scripten, Auerbach/Vogtland, 2018, S. 281–290. ISBN: 3957350859.

[BREC19a] Brecher, C.; Ihlenfeldt, S.; Neus, S.; Steinert, A.; Galant, A.: Thermal condition monitoring of a motorized milling spindle. In: Production Engineering, Vol. 13(5), 2019, S. 539–546. ISSN: 0944-6524.

[BREC19b] Brecher, C.; Weck, M.: Werkzeugmaschinen Fertigungssysteme 1: Maschinenarten und Anwendungsbereiche. 9. Auflage. VDI-Buch. Springer Vieweg, Berlin und Heidelberg, 2019. ISBN: 978-3-662-46564-6.

[BREC20] Brecher, C.; Steinert, A.; Neus, S.; Fey, M.: Metrological investigation and simulation of thermo-mechanical interactions in externally driven spindles. In: Special Interest Group: Thermal Issues. Hrsg. von European Society for Precision Engineering and Nanotechnology. euspen, Bedford, UK, 2020, S. 14–17. ISBN: 9780995775169.

[BREC21] Brecher, C.; Steinert, A.; Spierling, R.; Neus, S.: Efficient Parameterization of thermo-elastic correction models for externally driven spindles. In: MM Science Journal, Vol. 2021(1), 2021, S. 4291–4298. ISSN: 18031269.

[BRED23] Bredthauer, M.; Steinert, A.; Bergs, T.; Brecher, C.; Neus, S.; Barth, S.: Potenziale der modellbasierten Analyse des thermo-mechanischen Verhaltens von Schleifspindeln. In: Diamond Business, Vol. 1, 2023, S. 20–25.

[BRÜS84] Brüstle, M.: Beitrag zur adaptiven Verbesserung der Arbeitsgenauigkeit von CNC-Werkzeugmaschinen durch mikroprozessorgestützte Istwertmodifikation. Dissertation. Hochschule der Bundeswehr Hamburg, 1984.

[CHEN14] Chen, N.; Zhang, K.; Zhang, L. X.; Wu, Y. H.: Analysis on the Effects of Cooling Water Velocity on Temperature Rise of Motorized Spindle. In: Applied Mechanics and Materials, Vol. 543-547, 2014, S. 68–71.

[CHEN96] Chen, J.-S.: Neural network-based modelling and error compensation of thermally-induced spindle errors. In: The International Journal of Advanced Manufacturing Technology, Vol. 12(4), 1996, S. 303–308. ISSN: 0268-3768.

[CHIE08] Chien, C. H.; Jang, J. Y.: 3-D numerical and experimental analysis of a built-in motorized high-speed spindle with helical water cooling channel. In: Applied Thermal Engineering, Vol. 28(17-18), 2008, S. 2327–2336. ISSN: 13594311.

[CUTL79] Cutler, C. R.; Ramaker, B. L.: Dynamic Matrix Control - A Computer Control Algorithm. In: IEEE Transactions on Automatic Control, Vol. 17, 1979.

[DAHM04] Dahmus, J. B.; Gutowski, T. G.: An Environmental Analysis of Machining. In: Manufacturing engineering and materials handling. Hrsg. von International Mechanical Engineering Congress and Exposition. ASME, New York, 2004, S. 643–652. ISBN: 0-7918-4713-6.

[DENK09] Denkena, B.; Scharschmidt, K.-H.: Modellbasierte Temperaturkompensation für Werkzeugmaschinen. In: Zeitschrift für wirtschaftlichen Fabrikbetrieb, Vol. 104(9), 2009, S. 698–702. ISSN: 0947-0085.

[DENK11] Denkena, B.; Möhring, H.-C.; Hackelöer, F.; Hülsemeyer, L.; Dahlmann, D.; Augenstein, E.; Nelles, J.; Grigoleit, A.: Effiziente Fluidtechnik für Werkzeugmaschinen: Ermittlung und Reduktion des Energiebedarfs am Beispiel des Kühlwassersystems. In: wt Werkstattstechnik online, Vol. 101(5), 2011, S. 347–352.

[DENK20] Denkena, B.; Bergmann, B.; Klemme, H.: Cooling of motor spindles - a review. In: International Journal of Advanced Manufacturing Technology, Vol. 110(11-12), 2020, S. 3273–3294.

[DITT04] Dittmar, R.; Pfeiffer, B.-M.: Modellbasierte prädiktive Regelung: Eine Einführung für Ingenieure. Oldenbourg Verlag, München und Wien, 2004. ISBN: 978-3-486-27523-0.

[DONM07] Donmez, M. A.; Hahn, M. H.; Soons, J. A.: A Novel Cooling System to Reduce Thermally-Induced Errors of Machine Tools. In: CIRP Annals, Vol. 56(1), 2007, S. 521–524. ISSN: 00078506.

[DU15] Du, Z.-C.; Yao, S.-Y.; Yang, J.-G.: Thermal behavior analysis and thermal error compensation for motorized spindle of machine tools. In: International Journal of Precision Engineering and Manufacturing, Vol. 16(7), 2015, S. 1571–1581. ISSN: 2234-7593.

[ESS12] Ess, M.: Simulation and compensation of thermal errors of machine tools. Dissertation. ETH Zürich, 2012.

[FENG16] Feng, J.; Tang, X.; Li, Y.; Song, B.: Thermal Error Modelling of the Spindle Using Neurofuzzy Systems. In: Mathematical Problems in Engineering, Vol. 1, 2016, S. 1–10. ISSN: 1024-123X.

[GALA16] Galant, A.; Beitelschmidt, M.; Großmann, K.: Fast High-Resolution FE-based Simulation of Thermo-Elastic Behaviour of Machine Tool Structures. In: Procedia CIRP, Vol. 46, 2016, S. 627–630. ISSN: 22128271.

[GEBE97] Gebert, K.: Ein Beitrag zur thermischen Modellbildung von schnelldrehenden Motorspindeln. Dissertation. Technische Universität Darmstadt, 1997.

[GESE13] Gesellschaft Verfahrenstechnik und Chemieingenieurwesen: VDI-Wärmeatlas. 11. Auflage. Springer Vieweg, Berlin und Heidelberg, 2013. ISBN: 978-3-642-19980-6.

[GIES92] Giese, V.: Thermische Ausdehnung, mechanische Dämpfung und Schubmodul von anisotropen Flüssigkristallpolymeren bei tiefen Temperaturen. 1992.

[GLEI08] Gleich, S.: Simulation des thermischen Verhaltens spanender Werkzeugmaschinen in der Entwurfsphase. Dissertation. Technische Universität Chemnitz, 2008.

[GONG13] Gong, G.; Miao, E.-M.; Chen, H.-D.; Cheng, T.-J.: Application of support vector regression machine to thermal error modelling of machine tools. In: Guangxue Jingmi Gongcheng/Optics and Precision Engineering, Vol. 4(4), 2013, S. 980–986.

[GRAM17] Grama, S. N.; Mathur, A.; Aralaguppi, R.; Subramanian, T.: Optimization of High Speed Machine Tool Spindle to Minimize Thermal Distortion. In: Procedia CIRP, Vol. 58, 2017, S. 457–462. ISSN: 22128271.

[GRÖB55] Gröber, H.: Die Grundgesetze der Wärmeübertragung. 3. Auflage. Springer, Berlin und Heidelberg, 1955. ISBN: 9783642498893.

[GROSS14] Großmann, K.; Mühl, A.; Thiem, X.: Korrektur thermisch bedingter Fehler an Werkzeugmaschinen. In: Zeitschrift für wirtschaftlichen Fabrikbetrieb, Vol. 109(5), 2014, S. 318–323. ISSN: 0947-0085.

[GROSS15] Großmann, K., Hrsg.: Thermo-energetic Design of Machine Tools: A Systemic Approach to Solve the Conflict Between Power Efficiency, Accuracy and Productivity Demonstrated at the Example of Machining Production. Springer, Cham, 2015. ISBN: 9783319126258.

[GROT09] Groth, C.; Müller, G.: FEM für Praktiker. 5. Auflage. Expert Verlag, Renningen, 2009. ISBN: 3816927149.

[HAAS78] Haas, P. de; Heisel, U.: Kompensation thermischer Deformationen an Werkzeugmaschinen. 1978.

[HACK18] Hacksteiner, M.; Peherstorfer, H.; Bleicher, F.: Energy efficiency of state-of-the-art grinding processes. In: Procedia Manufacturing, Vol. 21, 2018, S. 717–724. ISSN: 23519789.

[HATA93] Hatamura, Y.; Nagao, T.; Mitsuishi, M.; Kato, K.; Taguchi, S.; Okumura, T.; Nakagawa, G.; Sugishita, H.: Development of an Intelligent Machining Center Incorporating Active Compensation for Thermal Distortion. In: CIRP Annals, Vol. 42(1), 1993, S. 549–552. ISSN: 00078506.

[HERN20] Hernández Becerro, P.: Efficient Thermal Error Models of Machine Tools. Dissertation. ETH Zürich, 2020.

[HERW09] Herwig, H.; Moschallski, A.: Wärmeübertragung: Physikalische Grundlagen – Illustrierende Beispiele – Übungsaufgaben mit Musterlösungen. 2. Auflage. SpringerLink Bücher. Vieweg und Teubner, Wiesbaden, 2009. ISBN: 9783834899668.

[HERZ15] Herzog, R.; Riedel, I.: Sequentially optimal sensor placement in thermoelastic models for real time applications. In: Optimization and Engineering, Vol. 16(4), 2015, S. 737–766. ISSN: 1389-4420.

[HORN09] Hornych, J.; Barta, P.; Mares, M.: Thermomechanical Transfer Functions and Control of a Machine Tool Cooling System. In: MM Science Journal, Vol. 1, 2009, S. 97–98.

[HU14] Hu, J.: Modellierung und Simulation des thermischen Verhaltens einer Werkzeugmaschine mit der Finite-Elemente-Methode. Dissertation. Technische Universität Berlin, 2014.

[HUAN95] Huang, S.-C.: Analysis of a model to forecast thermal deformation of ball screw feed drive systems. In: International Journal of Machine Tools and Manufacture, Vol. 35(8), 1995, S. 1099–1104. ISSN: 08906955.

[INCR11] Incropera, F. P.: Fundamentals of Heat and Mass Transfer, Seventh Edition Binder Ready Version. 7. Auflage. John Wiley and Sons, Chichester, 2011. ISBN: 0470917857.

[INTE20] International Organization for Standardization: Test code for machine tools: Part 3: Determination of thermal effects. Schweiz, 2020.

[JĘDR07] Jędrzejewski, J.; Modrzycki, W.: Compensation of Thermal Displacements of High-Speed Precision Machine Tools. In: Journal of Machine Engineering, Vol. 7, 2007, S. 108–114.

[JĘDR11] Jędrzejewski, J.; Kwaśny, W.: Study on reducing energy consumption in manufacturing systems. In: Journal of Machine Engineering, Vol. 11(3), 2011, S. 7–20.

[JĘDR88] Jędrzejewski, J.: Directions for improving the thermal stability of machine tools. In: Thermal Aspects in Manufacturing - Winter Annual Meeting ASME, Vol. 30, 1988, S. 165–182.

[JĘDR92] Jędrzejewski, J.; Modrzycki, W.: A New Approach to Modelling Thermal Behaviour of a Machine Tool under Service Conditions. In: CIRP Annals, Vol. 41(1), 1992, S. 455–458. ISSN: 00078506.

[JUDD94] Judd, R. L.; Aftab, K.; Elbestawi, M. A.: An investigation of the use of heat pipes for machine tool spindle bearing cooling. In: International Journal of Machine Tools and Manufacture, Vol. 34(7), 1994, S. 1031–1043. ISSN: 08906955.

[JUNG00] Jungnickel, G.: Simulation des thermischen Verhaltens von Werkzeugmaschinen. Lehre, Forschung, Praxis. Inst. für Werkzeugmaschinen und Steuerungstechnik, Dresden, 2000.

[JUNG10] Jungnickel, G.: Simulation des thermischen Verhaltens von Werkzeugmaschinen: Modellierung und Parametrierung. Lehre, Forschung, Praxis. Inst. für Werkzeugmaschinen und Steuerungstechnik, Dresden, 2010. ISBN: 9783867801720.

[KANG07] Kang, Y.; Chang, C.-W.; Huang, Y.; Hsu, C.-L.; Nieh, I.-F.: Modification of a neural network utilizing hybrid filters for the compensation of thermal deformation in machine tools. In: International Journal of Machine Tools and Manufacture, Vol. 47(2), 2007, S. 376–387. ISSN: 08906955.

[KONO19] Kono, D.; Mizuno, S.; Muraki, T.; Nakaminami, M.: A machine tool motorized spindle with hybrid structure of steel and carbon fiber composite. In: CIRP Annals, Vol. 68(1), 2019, S. 389–392. ISSN: 00078506.

[LANG14] Lang, N.; Saak, J.; Benner, P.: Model Order Reduction for Systems with Moving Loads. In: at - Automatisierungstechnik, Vol. 62(7), 2014, S. 512–522. ISSN: 0178-2312.

[LANG16] Lang, N.; Saak, J.; Stykel, T.: Balanced truncation model reduction for linear time-varying systems. In: Mathematical and Computer Modelling of Dynamical Systems, Vol. 22(4), 2016, S. 267–281. ISSN: 1387-3954.

[LANZ10] Lanz, M.; Mani, M.; Leong, S.; Lyons, K.; Ranta, A.; Ikkala, K.; Bengtsson, N.: Impact of Energy Measurements in Machining Operations. In: Proceedings of the ASME International Design Engineering Technical Conferences and Computers and Information in Engineering Conference - 2010. ASME, New York, NY, 2010, S. 867–873. ISBN: 978-0-7918-4411-3.

[LARE11] Larek, R.; Brinksmeier, E.; Meyer, D.; Pawletta, T.; Hagendorf, O.: A discrete-event simulation approach to predict power consumption in machining processes. In: Production Engineering, Vol. 5(5), 2011, S. 575–579. ISSN: 0944-6524.

[LEE85] Lee, D. G.; Sin, H.-C.; Suh, N. P.: Manufacturing of a Graphite Epoxy Composite Spindle for a Machine Tool. In: CIRP Annals, Vol. 34(1), 1985, S. 365–369. ISSN: 00078506.

[LI04] Li, H.; Shin, Y. C.: Integrated Dynamic Thermo-Mechanical Modeling of High Speed Spindles, Part 1: Model Development. In: Journal of Manufacturing Science and Engineering, Vol. 126(1), 2004, S. 148–158. ISSN: 1087-1357.

[LI11] Li, W.; Zein, A.; Kara, S.; Herrmann, C.: An Investigation into Fixed Energy Consumption of Machine Tools. In: Glocalized Solutions for Sustainability in Manufacturing. Hrsg. von Hesselbach, J.; Herrmann, C. Springer, Berlin und Heidelberg, 2011, S. 268–273. ISBN: 978-3-642-19691-1.

[LI19] Li, K.-Y.; Luo, W.-J.; Yang, M.-H.; Hong, X.-H.; Luo, S.-J.; Chen, C.-N.: Effect of Supply Cooling Oil Temperature in Structural Cooling Channels on the Positioning Accuracy of Machine Tools. In: Journal of Mechanics, Vol. 35(6), 2019, S. 887–900. ISSN: 1727-7191.

[LI20] Li, H.; Zhang, P.; Deng, M.; Xiang, S.; Du, Z.; Yang, J.: Thermally induced comprehensive error modeling and compensation for gantry machine tools with grating scale in large structure machining. In: The International Journal of Advanced Manufacturing Technology, Vol. 107(3-4), 2020, S. 1367–1376. ISSN: 0268-3768.

[LIU17] Liu, T.; Gao, W.; Zhang, D.; Zhang, Y.; Chang, W.; Liang, C.; Tian, Y.: Analytical modeling for thermal errors of motorized spindle unit. In: International Journal of Machine Tools and Manufacture, Vol. 112, 2017, S. 53–70. ISSN: 08906955.

[MAYR09] Mayr, J.: Beurteilung und Kompensation des Temperaturganges von Werkzeugmaschinen. Dissertation. ETH Zürich, 2009.

[MAYR16] Mayr, J.; Müller, M.; Weikert, S.: Automated thermal main spindle & B-axis error compensation of 5-axis machine tools. In: CIRP Annals, Vol. 65(1), 2016, S. 479–482. ISSN: 00078506.

[MERT15] Mert, G.; Waltemode, S.; Aurich, J. C.: How Services Influence the Energy Efficiency of Machine Tools: A Case Study of a Machine Tool Manufacturer. In: Procedia CIRP, Vol. 29, 2015, S. 287–292. ISSN: 22128271.

[MIAO13] Miao, E.-M.; Gong, Y.-Y.; Niu, P.-C.; Ji, C.-Z.; Chen, H.-D.: Robustness of thermal error compensation modeling models of CNC machine tools. In: The International Journal of Advanced Manufacturing Technology, Vol. 69(9-12), 2013, S. 2593–2603. ISSN: 0268-3768.

[MORI09] Mori, M.; Mizuguchi, H.; Fujishima, M.; Ido, Y.; Mingkai, N.; Konishi, K.: Design optimization and development of CNC lathe headstock to minimize thermal deformation. In: CIRP Annals, Vol. 58(1), 2009, S. 331–334. ISSN: 00078506.

[MORI19] Mori, K.; Bergmann, B.; Kono, D.; Denkena, B.; Matsubara, A.: Energy efficiency improvement of machine tool spindle cooling system with on–off control. In: CIRP

Journal of Manufacturing Science and Technology, Vol. 25, 2019, S. 14–21. ISSN: 17555817.

[MÜLL11] Müller, G.; Vogt, K.; Ponick, B.: Berechnung elektrischer Maschinen. 6., völlig neu bearb. Aufl, Nachdr. Bd. Bd. 2. Elektrische Maschinen / Germar Müller. Wiley-VCH, Weinheim, 2011. ISBN: 3527405259.

[NEUG10] Neugebauer, R., Hrsg.: Energieeffiziente Produkt- und Prozessinnovationen in der Produktionstechnik: Internationales Kolloquium des Spitzentechnologieclusters EniPROD. Verlag Wissenschaftliche Scripten, Auerbach und Zwickau, 2010. ISBN: 9783942267007.

[NEUS21] Neusüs, S.: Vergleich von synchronen Reluktanzmotoren ohne und mit Ferritmagnetunterstützung. Dissertation. Technische Universität Darmstadt, 2021.

[NGO21] Ngo, T.-T.; Wang, C.-C.; Chen, Y.-T.; Than, V.-T.: Developing a thermoelectric cooling module for control temperature and thermal displacement of small built-in spindle. In: Thermal Science and Engineering Progress, Vol. 25, 2021, S. 100958. ISSN: 24519049.

[NUSS09] Nusselt, W.: Der Warmeubergang in Rohrleitungen. In: Mitt. Forsch. Arb. Ing. Wes., Vol. 89, 1909, S. 1750–1787.

[ODA12] Oda, Y.; Kawamura, Y.; Fujishima, M.: Energy Consumption Reduction by Machining Process Improvement. In: Procedia CIRP, Vol. 4, 2012, S. 120–124. ISSN: 22128271.

[PARK76] Parkus, H.: Thermoelasticity. Springer, Wien, 1976. ISBN: 9783709184479.

[PEI21] Pei, Z.; Zhao, J.; Song, J.; Zong, K.; He, Z.; Zhou, Y.: Temperature Field Calculation and Water-Cooling Structure Design of Coreless Permanent Magnet Synchronous Linear Motor. In: IEEE Transactions on Industrial Electronics, Vol. 68(2), 2021, S. 1065–1076. ISSN: 0278-0046.

[PLAN06] Planck, M.: Vorlesungen über die Theorie der Wärmestrahlung. J. A. Barth, 1906.

[RAME03] Ramesh, R.; Mannan, M. A.; Poo, A. N.; Keerthi, S. S.: Thermal error measurement and modelling in machine tools. Part II. Hybrid Bayesian Network - support vector machine model. In: International Journal of Machine Tools and Manufacture, Vol. 43(4), 2003, S. 405–419. ISSN: 08906955.

[REGE18] Regel, J.; Du Xu; Bräunig, M.; Wittstock, V.; Putz, M.: Evaluation of thermo-energetic behavior for demand-oriented operating of machine tool cooling systems. In: Procedia Manufacturing, Vol. 21, 2018, S. 213–220. ISSN: 23519789.

[REIB22] Reibert, D.; Tzanetos, F.; Sydow, S.; Bialuch, I.; Lee, T. H.; Abraham, T. G.; Zontar, D.; Brecher, C.: Integration of Bio-based Insulation Materials as a Contribution to the Biological Transformation of Production Technology. In: Procedia CIRP, Vol. 110, 2022, S. 305–310. ISSN: 22128271.

[RICH78] Richalet, J.; Rault, A.; Testud, J. L.; Papon, J.: Model predictive heuristic control. In: Automatica, Vol. 14(5), 1978, S. 413–428. ISSN: 00051098.

[ROTH10] Rothenbücher, S.; Kuhrke, B.: Energiebündel auf dem Prüfstand: Trendbericht: Energiekosten bei spanenden Werkzeugmaschinene. In: Werkstatt + Betrieb, Vol. 143(9), 2010, S. 130–137.

[RUDO12] Rudolph, M.; Wachter, C.; Eisele, C.: Modellbildung und Simulation von Funktionsmodulen einer Werkzeugmaschine. In: Zeitschrift für wirtschaftlichen Fabrikbetrieb, Vol. 107(10), 2012, S. 741–746. ISSN: 0947-0085.

[SAAK16] Saak, J.; Köhler, M.; Benner, P.: M-M.E.S.S. - The Matrix Equation Sparse Solver Library. 2016.

[SALJ88] Saljé, E.; Gerloff, H.; Meyer, J.: Comparison of Machine Tool Elements Made of Polymer Concrete and Cast Iron. In: CIRP Annals, Vol. 37(1), 1988, S. 381–384. ISSN: 00078506.

[SCHÄ93] Schäfer, W.: Steuerungstechnische Korrektur thermoelastischer Verformungen an Werkzeugmaschinen. Dissertation. Rheinisch-Westfälische Technische Hochschule Aachen, 1993.

[SCHM90] Schmidt, J.; Minges, R.: Thermische Verlagerungen an Werkzeugmaschinen. In: wt Werkstattstechnik, Vol. 80, 1990, S. 577–580.

[SCHN16] Schneider, D.; Lauer, M.; Voigt, I.; Drossel, W.-G.: Development and examination of switchable heat pipes. In: Applied Thermal Engineering, Vol. 99, 2016, S. 857–865. ISSN: 13594311.

[SCHW21] Schwenzer, M.; Ay, M.; Bergs, T.; Abel, D.: Review on model predictive control: an engineering perspective. In: The International Journal of Advanced Manufacturing Technology, Vol. 117(5-6), 2021, S. 1327–1349. ISSN: 0268-3768.

[SHAB17] Shabi, L.; Weber, J.; Weber, J.: Analysis of the Energy Consumption of Fluidic Systems in Machine Tools. In: Procedia CIRP, Vol. 63, 2017, S. 573–579. ISSN: 22128271.

[SHI19] Shi, H.; He, B.; Yue, Y.; Min, C.; Mei, X.: Cooling effect and temperature regulation of oil cooling system for ball screw feed drive system of precision machine tool. In: Applied Thermal Engineering, Vol. 161, 2019, S. 114150. ISSN: 13594311.

[SHI20] Shi, X.; Yang, X.; Chen, G.; Wang, W.: Thermal structure design optimization and temperature control for worm gear grinding machine using flood cooling technology. In: The International Journal of Advanced Manufacturing Technology, Vol. 108(7-8), 2020, S. 2419–2431. ISSN: 0268-3768.

[SKYT08] Skyttner, L.: General systems theory: Problems, perspectives, practice. 2. Auflage. World Scientific, New Jersey, 2008. ISBN: 9812564675.

[THIE15] Thiem, X.; Großmann, K.; Mühl, A.: Structural Model-Based Correction of Thermo-elastic Machine Tool Errors. In: Thermo-energetic Design of Machine Tools. Hrsg. von Großmann, K. Springer, Cham, 2015, S. 185–197. ISBN: 9783319126258.

[UHLM12] Uhlmann, E.; Hu, J.: Thermal modelling of an HSC machining centre to predict thermal error of the feed system. In: Production Engineering, Vol. 6(6), 2012, S. 603–610. ISSN: 0944-6524.

[UHLM20] Uhlmann, E.; Polte, J.; Salein, S.; Iden, N.; Temme, R.; Hartung, D.; Perschewski, S.: Entwicklung einer thermo elektrisch temperierten Motorspindel: Reduktion thermisch bedingter Verlagerungen durch Integration von Peltierelementen in eine Hochfrequenzmotorspindel. In: wt Werkstattstechnik online, Vol. 110(05), 2020. ISSN: 1436-4980.

[VETT22] Vettermann, J.; Steinert, A.; Brecher, C.; Benner, P.; Saak, J.: Compact thermo-mechanical models for the fast simulation of machine tools with nonlinear component behavior. In: at - Automatisierungstechnik, Vol. 70(8), 2022, S. 692–704. ISSN: 0178-2312.

[VOIG17] Voigt, I.; Drossel, W.-G.; Winkler, S.; Werner, R.; Bucht, A.: Thermische Modellierung von Lineardirektantrieben und aktive Steuerung der Wärmeströme unter Einsatz von Latentwärmespeichern. In: Thermo-Energetische Gestaltung von Werkzeugmaschinen: Modellierung und Simulation. Hrsg. von Brecher, C. Sächsische Landesbibliothek – Staats- und Universitätsbibliothek Dresden, Dresden, 2017, S. 261–275.

[VOIG19] Voigt, I.; Navarro de Sosa, I.; Wermke, B.; Bucht, A.; Drossel, W.-G.: Increased thermal inertia of ball screws by using phase change materials. In: Applied Thermal Engineering, Vol. 155, 2019, S. 297–304. ISSN: 13594311.

[WEBE13] Weber, J.; Weber, J.: Thermo-energetic analysis and simulation of the fluidic cooling system of motorized high-speed spindles. In: Proceedings from the 13th Scandinavian International Conference on Fluid Power. 2013, S. 131–140.

[WEBE18] Weber, J.; Shabi, L.; Weber, J.: State of the art and optimization of the energy flow in cooling systems of motorized high-speed spindles in machine tools. In: Procedia CIRP, Vol. 67, 2018, S. 81–86. ISSN: 22128271.

[WECK95] Weck, M.; McKeown, P.; Bonse, R.; Herbst, U.: Reduction and Compensation of Thermal Errors in Machine Tools. In: CIRP Annals, Vol. 44(2), 1995, S. 589–598. ISSN: 00078506.

[WEGE17] Wegener, K.; Mayr, J.; Merklein, M.; Behrens, B.-A.; Aoyama, T.; Sulitka, M.; Fleischer, J.; Groche, P.; Kaftanoglu, B.; Jochum, N.; Möhring, H.-.-C.: Fluid elements in machine tools. In: CIRP Annals, Vol. 66(2), 2017, S. 611–634. ISSN: 00078506.

[WENN18] Wennemer, M.: Methode zur messtechnischen Analyse und Charakterisierung volumetrischer thermo-elastischer Verlagerungen von Werkzeugmaschinen. Dissertation. Rheinisch-Westfälische Technische Hochschule Aachen, 2018.

[WIEL89] Wiele, H.; Müller, W.: Temperaturgeregelte Kompensationseinrichtung für Mehrspindeldrehautomaten. In: Maschinenbautechnik, Vol. 38(11), 1989, S. 487–490.

[WISS14] Wissmann, A.: Steuerungsinterne Korrektur thermisch bedingter Strukturverformungen von Bearbeitungszentren. Dissertation. Aachen: Rheinisch-Westfälische Technische Hochschule Aachen, 2014.

[YANG05] Yang, H.; Ni, J.: Dynamic neural network modeling for nonlinear, nonstationary machine tool thermally induced error. In: International Journal of Machine Tools and Manufacture, Vol. 45(4-5), 2005, S. 455–465. ISSN: 08906955.

[YANG11] Yang, Z.; Sun, M.; Li, W.; Liang, W.: Modified Elman network for thermal deformation compensation modeling in machine tools. In: The International Journal of Advanced Manufacturing Technology, Vol. 54(5-8), 2011, S. 669–676. ISSN: 0268-3768.

[ZHAN19] Zhang, B.: Modellierung und hocheffiziente Berechnung der lastabhängigen Eisenverluste in permanentmagneterregten Synchronmaschinen. Dissertation. Karlsruher Institut für Technologie, 2019.

[ZHAO18] Zhao, J. L.; Huang, L. K.; Li, Q. L.: Modeling research on machine tool spindle thermal error based on Kalman filter method. In: Modern Manufacturing Engineering, Vol. 454(7), 2018, S. 23–26.

In der Reihe **Ergebnisse aus der Produktionstechnik** zuletzt erschienen:

Steinert, Alexander:
Modellprädiktive Regelung aktiver Kühlsysteme von Werkzeugmaschinen zur Kompensation thermo-elastischer Verlagerungen
ISBN: 978-3-98555-245-0
Erscheinungsdatum: 26.11.2024

Mueller, Aleksandra:
Assistenzsystem zur wissensbasierten Steuerungsrekonfiguration für robotergestützte Automatisierungsprozesse
ISBN: 978-3-98555-244-3
Erscheinungsdatum: 28.10.2024

Voet, Henning:
Ermittlung der Qualitätskosten bei Bauteilen mit unsicherheitsbehafteten geometrischen Merkmalen durch additiv gefertigte Prozessprototypen in Kleinserien
ISBN: 978-3-98555-242-9
Erscheinungsdatum: 17.10.2024

Latz, Tim:
Methodik zur Förderung von Deep-Tech im Maschinenbau
ISBN: 978-3-98555-243-6
Erscheinungsdatum: 14.10.2024

Föhlisch, Nils:
Klassifikationsbasierte Planung flexibler, flussorientierter Mixed-Model-Montagestrukturen
ISBN: 978-3-98555-231-3
Erscheinungsdatum: 16.09.2024

Keuper, Alexander:
Kompetenzbasierter Ressourceneinsatz in Multientwicklungsprojekt-umgebungen
ISBN: 978-3-98555- 236-8
Erscheinungsdatum: 09.09.2024

Kessler, Niklas:
Transformation zur digital vernetzten Wertschöpfung im Werkzeugbau
ISBN: 978-3-98555- 232-0
Erscheinungsdatum: 02.09.2024

Spierling, Robert:
Abbildung thermo-elastischer Fehler von Fräsmaschinen auf Basis des photoelektrischen Effekts und eines lernenden Modells
ISBN: 978-3-98555-208-5
Erscheinungsdatum: 12.08.2024

Rodemann, Niklas:
Resiliente Produktionsnetzwerke durch datenbasierte Früherkennung
ISBN: 978-3-98555-228-3
Erscheinungsdatum: 12.08.2024

Eckel, Hans-Martin:
Kinematische Analyse von Spindellagern unter statischen und dynamischen Kräften
ISBN: 978-3-98555-226-9
Erscheinungsdatum: 01.08.2024

Edition Wissenschaft
Apprimus

Hähnel, Sebastian:
Das variationskraftgeregelte, schwingungsunterstützte Schleifen von gekrümmten Werkzeugstahloberflächen mit gummigebundenen Schleifstiften
ISBN: 978-3-98555-225-2
Erscheinungsdatum: 22.07.2024

Lender, Benjamin:
Datenbasierte Identifikation von Heuristiken für das Entwicklungsmanagement
ISBN: 978-3-98555-219-1
Erscheinungsdatum: 16.07.2024

Kosel, Maximilian:
Prozess- und Maschinenentwicklung für das kontinuierliche, variotherme Heißprägen
ISBN: 978-3-98555-223-8
Erscheinungsdatum: 16.07.2024

Dackweiler, Jonas:
Planungseffizienz und -effektivität durch Plattformbasierte Fabrikplanung
ISBN: 978-3-98555-220-7
Erscheinungsdatum: 27.05.2024

Schopen, Marco:
Datenbasierte hybride Analyse und Gestaltung von Geschäftsprozessen
ISBN: 978-3-98555-217-7
Erscheinungsdatum: 22.05.2024

Seelbach, Tobias:
Prädiktion der Maßhaltigkeit beim Räumen von Profilnuten
ISBN: 978-3-98555-213-9
Erscheinungsdatum: 21.05.2024

Theling, Julian:
Auslegung von Planetengetrieben im elastischen Verzahnungsumfeld unter Berücksichtigung der Wechselwirkungen des Mehrfacheingriffes
ISBN: 978-3-98555-205-4
Erscheinungsdatum: 26.03.2024

Lukas, Gerret:
Gestaltungsmodell zur thermischen Auslegung additiver Prototypenwerkzeuge aus Kunststoff
ISBN: 978-3-98555-209-2
Erscheinungsdatum: 03.06.2024

Löffler, Bernd:
Additiv gefertigte Kunststoffwerkzeuge für das Tiefziehen von Feinblech
ISBN: 978-3-98555-211-5
Erscheinungsdatum: 27.05.2024

Scholzen, Philipp:
Auslegung geräuschoptimierter pulvermetallurgischer Stirnradverzahnungen
ISBN: 978-3-98555-216-0
Erscheinungsdatum: 21.05.2024

Fiedler, Falko:
Produkt- und prozessseitige Auslegung von bauteilintegrierten Vorrichtungsfunktionen
ISBN: 978-3-98555-206-1
Erscheinungsdatum: 02.04.2024

Hohenstein, Steffen:
Multidirektionaler Aufbau in der additiven Fertigung von Kunststoffen
ISBN: 978-3-98555-203-0
Erscheinungsdatum: 05.03.2024

Edition Wissenschaft
Apprimus

Kolibri 360 GmbH
Ferdinand-Jühlke-Straße 7
99095 Erfurt, Deutschland
produktsicherheit@kolibri360.de